国家电网有限公司
技能人员专业培训教材

变电一次安装

国家电网有限公司　组编

中国电力出版社
CHINA ELECTRIC POWER PRESS

图书在版编目（CIP）数据

变电一次安装 / 国家电网有限公司组编. —北京：中国电力出版社，2020.6（2022.10 重印）
国家电网有限公司技能人员专业培训教材
ISBN 978-7-5198-4480-6

Ⅰ．①变… Ⅱ．①国… Ⅲ．①变电所–一次系统–安装–技术培训–教材 Ⅳ．①TM645.1

中国版本图书馆 CIP 数据核字（2020）第 041624 号

出版发行：中国电力出版社
地　　址：北京市东城区北京站西街 19 号（邮政编码 100005）
网　　址：http://www.cepp.sgcc.com.cn
责任编辑：罗　艳（010-63412315，yan-luo@sgcc.com.cn）
责任校对：黄　蓓　常燕昆
装帧设计：郝晓燕　赵姗姗
责任印制：石　雷

印　　刷：三河市百盛印装有限公司
版　　次：2020 年 6 月第一版
印　　次：2022 年 10 月北京第三次印刷
开　　本：710 毫米×980 毫米　16 开本
印　　张：18
字　　数：349 千字
印　　数：2501—3000 册
定　　价：54.00 元

本 书 编 委 会

前 言

为贯彻落实国家终身职业技能培训要求，全面加强国家电网有限公司新时代高技能人才队伍建设工作，有效提升技能人员岗位能力培训工作的针对性、有效性和规范性，加快建设一支纪律严明、素质优良、技艺精湛的高技能人才队伍，为建设具有中国特色国际领先的能源互联网企业提供强有力人才支撑，国家电网有限公司人力资源部组织公司系统技术技能专家，在《国家电网公司生产技能人员职业能力培训专用教材》（2010年版）基础上，结合新理论、新技术、新方法、新设备，采用模块化结构，修编完成覆盖输电、变电、配电、营销、调度等50余个专业的培训教材。

本套专业培训教材是以各岗位小类的岗位能力培训规范为指导，以国家、行业及公司发布的法律法规、规章制度、规程规范、技术标准等为依据，以岗位能力提升、贴近工作实际为目的，以模块化教材为特点，语言简练、通俗易懂，专业术语完整准确，适用于培训教学、员工自学、资源开发等，也可作为相关大专院校教学参考书。

本书为《变电一次安装》分册，由周建平、诸立波、邓华、宋国海、陈平、潘国跃、沈华松、曹爱民、战杰、林桂华、周晓虎编写。在出版过程中，参与编写和审定的专家们以高度的责任感和严谨的作风，几易其稿，多次修订才最终定稿。在本套培训教材即将出版之际，谨向所有参与和支持本书籍出版的专家表示衷心的感谢！

由于编写人员水平有限，书中难免有错误和不足之处，敬请广大读者批评指正。

目　录

第三部分　断路器安装及调整

第四部分　隔离开关安装及调整

第五部分　其他电气设备安装及调整

第六部分　母线及接地装置安装

第七部分　变电一次设备安装规程

第一部分

油浸式变压器（电抗器）类设备安装及调整

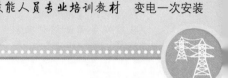
第一章

油浸式变压器（电抗器）安装

▲ 模块1　变压器（电抗器）安装流程（Z42E1001）

【模块描述】 本模块介绍油浸式变压器（电抗器）现场安装流程及工艺控制点；通过讲解，掌握变压器、电抗器现场安装流程和关键环节。

【模块内容】 施工人员应熟练掌握油浸式变压器（电抗器）现场安装流程和关键工序，包括施工准备、附件检查及试验、注油排氮（气）、放油及净油处理、吊罩检查或内检及附件安装、真空注油、补充注油（热油循环）、整体密封试验及静置、电气交接试验、后期工作与验收等环节。

一、安装流程

油浸式变压器（电抗器）安装流程见图 Z42E1001-1。

二、主要作业程序

1. 施工准备

（1）技术准备。

1）制造厂家技术文件如说明书、试验报告、图纸等应齐备。

2）安装人员应熟悉施工设计图纸和制造厂家技术文件，掌握变压器的参数、性能特征。

3）编制施工方案。

（2）工器具、材料准备。按照模块 Z42E1003 准备安装工器具、材料。

（3）人员组织。安全员、质量员、安装负责人、安装人员、起重指挥、试验人员、电焊等特殊工种人员必须持证上岗。

（4）现场布置。按照《国家电网公司输变电工程安全文明施工标准化管理办法化管理办法》要求进行现场布置。

2. 附件检查、试验

（1）安装前应按照装箱单检查零部件及附件、备件是否齐全。

（2）检查制造厂家技术文件是否齐全。

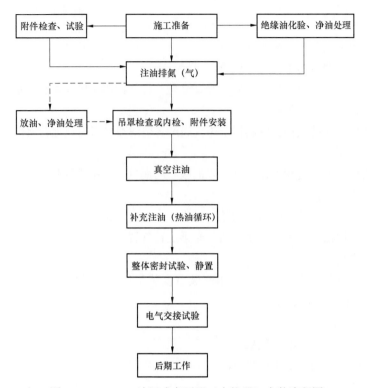

图 Z42E1001-1 油浸式变压器（电抗器）安装流程图

（3）散热器冲洗、密封试验。

（4）储油柜密封试验。

（5）套管及套管 TA 特性试验。

3. 绝缘油化验、净油处理

（1）取油样进行化验。

（2）油务系统清洁、布置。

（3）绝缘油净化处理。

4. 注油排氮（气）

（1）充干燥空气运输的变压器，制造厂家规定可直接进行内检的，无需进行该工序。

（2）充氮运输的变压器通常采用注油排氮，也可采用抽真空后充干燥空气排氮。

（3）充油运输的变压器，无需进行该工序。

5. 放油、净油处理

注油排氮的变压器，在吊罩检查或内检前需进行放油处理，放出的绝缘油需进行净油处理。

6. 吊罩检查或内检、附件安装

（1）变压器器身内部各部件检查、试验。

（2）套管、储油柜、保护装置、冷却装置、二次回路电缆等附件安装。

7. 真空注油、热油循环

（1）变压器在持续抽真空的情况下，通过真空滤油机将已处理合格的绝缘油从注油口注入变压器。

（2）为排除安装过程中器身绝缘表面吸收的潮气，必须进行热油循环。

8. 整体密封试验、静置

（1）进行变压器整体密封性试验，应维持 24h 无渗漏。

（2）密封性试验结束后，变压器油必须进行静置。

9. 电气交接试验

变压器油静置结束后，按照《电气装置安装工程电气设备交接试验标准》（GB 50150）进行电气交接试验。

10. 后期工作

（1）检查是否有渗漏油现象。

（2）检查各阀门处于工作状态。

（3）设备补漆。

（4）变压器本体、铁芯和夹件接地。

（5）施工现场清理。

（6）工程自验收。

（7）竣工资料整理。

（8）备品备件、专用工具移交。

三、后期工作与验收

【思考与练习】

1. 变压器安装施工准备工作有哪些？

2. 变压器附件开箱检查有哪些工作？

3. 变压器交接试验结束后，还有哪些主要工作？

▲ 模块 2 变压器（电抗器）交接验收及保管（Z42E1002）

【模块描述】本模块包含油浸式变压器（电抗器）安装前的交接验收、就位及现场保管；通过讲解和实训，达到能正确完成变压器（电抗器）运抵现场后的交接验收、附件开箱检查、现场保管等工作。

【模块内容】本模块主要介绍了油浸式变压器（电抗器）安装前需要进行基础复测，设备及附件交接验收，本体就位，现场保管等工作。

一、危险点分析与控制措施

油浸式变压器（电抗器）安装前，交接验收及保管时的危险点分析与控制措施见表 Z42E1002-1。

表 Z42E1002-1 危险点分析与控制措施表

序号	危险点	控制措施
1	机械伤害	严格执行工器具使用规定，使用前严格检查，不完整、不合格的工器具禁止使用
2	起重伤害	（1）吊装附件有专人指挥、吊臂下严禁站人。 （2）起重工具使用前认真检查，并进行强度核验，严禁使用不合格的工具。 （3）设备起吊后应系好拉绳，防止摆动碰伤人员

二、基础复测

（1）基础复测检查，基础轴线定位，轴线误差不大于 5mm。

（2）检查预埋件、预留孔、基础地坪标高及水平误差，应符合设计及制造厂家要求。

（3）检查变压器油坑，排油管畅通。

三、设备交接

（一）附件开箱检查

（1）安装前应按照装箱单检查零部件及附件、备件是否齐全。

（2）检查铭牌数据是否与设计文件一致。

（3）检查附件外表面有无损伤，仔细检查套管绝缘子是否有破损，胶合处是否松动。

（4）检查各部紧固件是否牢固。

（5）检查接线端子及载流部分是否清洁，接触是否良好。

（6）检查制造厂家提供的安装使用说明书、合格证、出厂试验报告、安装图纸等文件资料是否齐全。

（7）及时做好开箱检查记录和签证工作。

（二）本体交接验收及就位

（1）检查运输冲击记录仪，冲击值应在制造厂家及合同的规定范围内（制造厂家无规定时，车辆行进方向不大于 $3g$，其他方向不大于 $2g$），并做好记录。

（2）检查充气运输变压器的气体压力，应在 0.01～0.03MPa 范围内，并做好记录。

（3）检查本体外观无明显损伤。

（4）按照基础轴线，进行变压器本体就位。利用液压顶推时，着力点应固定牢靠，顶推过程应平稳缓慢，运输倾斜角不得超过 15°。

（5）用千斤顶顶升变压器时，千斤顶应顶在本体专用支点处，升降过程设专人指挥，同步缓慢升降。

（6）本体就位后，应确保顶盖沿气体继电器出口方向升高坡度为 1%～1.5%。

（三）附件交接验收

1. 检查套管

用白布擦净套管瓷件及导电管内壁，检查套管瓷釉应无脱落、伤痕、裂纹现象，均压球内无积水。

2. 检查套管升高座

（1）检查升高座外观，应无变形、渗油。二次绕组小套管不破损且固定牢固，二次端子绝缘良好，TA 固定件无移位、跌落。

（2）升高座 TA 线圈露空时间与本体相同，试验后及时注满变压器油。

3. 检查储油柜、胶囊

（1）检查储油柜外观，应无变形锈蚀。现场安装时，须仔细阅读制造厂家安装说明书，了解其结构原理。

（2）安装前打开观察孔，检查胶囊上有无损伤，检查完毕后卸下法兰的盖板放掉胶囊内的气体，检查浮子及连杆上有无损伤，进行胶囊检漏试验，检漏时的充气压力和时间按制造厂家规定，当厂家无规定时可向胶囊内充至 0.02～0.03MPa 干燥氮气，持续 30min 应无漏气，充气时应缓慢进行。

4. 检查压力释放装置

（1）检查压力释放装置动作情况，动作与复位信号应可靠，触点接触可靠。

（2）安装和使用过程，不允许拧动定位螺栓。

5. 检查清洗管道及其他附件

（1）各类油路管道和法兰接口均应认真做好清洁工作，最后用白布擦净。法兰面要求无锈蚀、平整、无污垢，必要时用丙酮清洗干净。油路管道连接应对号入座，严禁随意乱配。

（2）清洗后的管道应及时封盖，不允许灰尘及异物再进入管道内部。

（3）其他附件安装前应检查、清洁、试验，并加以妥善保管。

6. 冷却装置检查及试压检漏

（1）检查散热器外观，外壳应无碰撞变形现象，油漆无脱落。

（2）检查蝶阀外观，应无损伤，密封良好。蝶阀的开启、关闭应灵活，无卡阻现象。

（3）散热器在出厂前如充有气体，打开两端封板时如有气体从冷却装置内跑出，说明散热器密封良好，不需进行充气检漏。否则按《电气装置安装工程 电力变压器、油浸电抗器、互感器施工及验收规范》（GB 50148）的规定，在散热器安装前应按制造厂家规定的压力值进行 30min 密封试验。

（4）取下散热器的进出口法兰端盖，通过滤油机用合格的变压器油对散热器管道进行循环冲洗，并将残油排尽。恢复散热器的进出口两端的法兰端盖密封，以免潮气及异物侵入。

（5）根据厂家技术文件明确散热器是否可以和变压器压器本体一起抽真空。

（6）检查风扇、油泵电动机绕组及控制回路的绝缘，其绝缘电阻应符合规程要求。风扇电动机和叶片应安装牢固，转动灵活无卡阻，叶片方向正确，无扭曲、碰壳现象。

7. 气体继电器、压力继电器、温度表校验

（1）变压器运抵安装现场后，及时将轻、重气体继电器，压力继电器，温度表等送至有相关检测资质的试验单位进行校核、试验。

（2）变压器轻、重气体继电器，压力继电器定值根据设备管理单位出具正式定值单校核。

（3）检验合格后需妥善保管，做好防振、防潮措施，于本体安装前送回现场。

四、现场保管

1. 本体现场保管

（1）充气变压器在现场保管时应保证压力为 0.01～0.03MPa，每天检查并记录。

（2）长时间放置的变压器本体应注入合格的绝缘油，并安装储油柜及吸湿器。每隔 30 天进行绝缘油试验，应符合相关要求。

（3）注油保管期间应将变压器、电抗器的外壳专用接地点与接地网连接牢靠。

2. 附件保管

（1）风扇、潜油泵、气体继电器、压力释放装置、温度表、油位表以及绝缘材料等，应放置于干燥的室内。

（2）充油或充干燥气体的套管 TA 存放妥当，应采取防潮措施。

（3）散热器底部应垫高、垫平，做好防潮措施。

（4）充油运输的附件应充油保管，密封良好。

（5）套管等瓷件应妥善保管，防止瓷件损坏。电容式套管应倾斜放置，顶部朝上。

【思考与练习】

1. 油浸式变压器基础复测检查有哪些要求？

2. 油浸式变压器本体就位有何要求？

3. 油浸式变压器现场保管有何要求？

▲ 模块 3 变压器（电抗器）安装工器具准备（Z42E1003）

【模块描述】本模块包含油浸式变压器（电抗器）现场安装各类工器具的准备及相关要求；通过讲解和实训，达到能正确做好变压器（电抗器）安装工器具准备。

【模块内容】本模块主要介绍油浸式变压器（电抗器）安装工器具准备的具体内容，重点描述了 500kV 变压器安装时真空泵、真空滤油机、干燥空气发生器、汽车吊以及吊索的选择，其他电压等级变压器安装工器具准备可以参照执行。最后还介绍了工器具检查及维护、试运行的相关要求。

一、油浸式变压器（电抗器）安装工器具及材料清单

（1）油浸式变压器（电抗器）安装材料清单见表 Z42E1003–1（一台为例）。

表 Z42E1003–1　　　　　油浸式变压器（电抗器）安装材料清单

序号	名称	规格	单位	数量	备注
1	无水酒精（分析纯）		kg	若干	
2	丙酮		kg	若干	
3	擦拭纸		卷	若干	
4	白布带	0.2m×0.5m	盘	若干	
5	记号笔		支	若干	
6	砂纸	800 号、400 号、600 号	张	若干	
7	塑料薄膜（0.06mm）	1m×5m	块	若干	
8	VP980 导电润滑脂		支	若干	
9	白布	1m×5m	块	若干	
10	变压器油		t	若干	
11	棉纱		kg	若干	
12	扁钢		根	若干	
13	硅胶		kg	若干	
14	耐油靴		双	5	
15	油务工作服		套	5	
16	消防器材		套	若干	

（2）油浸式变压器（电抗器）安装工器具清单见表 Z42E1003-2（一台为例）。

表 Z42E1003-2　　油浸式变压器（电抗器）安装工器具清单

序号	名称	规格	单位	数量	备注
1	汽车吊	50、25、8t	辆	各 1	适用于 750~1000kV 电压等级
		50、8t	辆	各 1	适用于 330~500kV 电压等级
		25、8t	辆	各 1	适用于 220kV 及以下电压等级
2	储油罐	5~30t	台	若干	按变压器总油重的 120%配置
3	升降车	升降高度 17m	辆	1	
4	真空滤油机	6000~12 000L/h	台	1	
5	压力式滤油机		台	1	
6	真空泵	3000m³/h，带电磁阀	台	1	
7	干燥空气发生器	300~600m³/h	台	1	
8	电焊机	5、15kW	台	各 1	
9	烘箱		台	1	
10	工作台		套	2	临时存放备品备件和工器具
11	大功率吸尘器	2kW	台	2	
12	油压千斤顶	10~50t	台	5	其中 1 台备用
13	液压机	110t	台	1	
14	链条葫芦	5~15t	只	4	
15	真空隔离桶		台	1	
16	氧气仪		套	1	
17	真空计		套	1	
18	干湿度温度表		套	2	
19	电钻	M6~M20	套	2	
20	游标卡尺		把	3	
21	力矩扳手		套	3	
22	常用工器具		套	若干	
23	合成纤维吊带	1、2、3、5、10t	根	若干	
24	厂家专用吊件		套	1	
25	U 形吊环	10t	只	10	
26	吊环螺钉		根	若干	
27	枕木		根	若干	

二、主要工器具性能及配置要求

（一）真空泵

（1）原理。真空泵的作用就是从气室中抽除气体分子，降低气室内的气体压力，使之达到要求的真空度。为达到不同产品的工艺指标、工作效率和设备工作寿命要求、不同的真空区段需要选择不同的真空系统配置。

单级旋片真空泵只有一个工作室，它主要由定子、转子、旋片组成，转子偏心地置于定子内。当转子在定子内旋转时，吸气空间的容积逐渐增大而把被抽空间内气体吸入吸气空间，同时排气空间的容积逐渐缩小，将前一周期已吸入的气体压缩，当气体压力足够高，被抽气体顶开排气阀，由排气管排出。

罗茨泵的泵腔内，有2个"8"字形的转子相互垂直地安装在一对平行轴上，由传动比为1的一对齿轮带动做彼此反向的同步旋转运动。在转子之间、转子与泵壳内壁之间，保持有一定的间隙，可以实现高转速运行。罗茨泵是一种无内压缩的真空泵，通常压缩比很低，可作为增压泵使用。

（2）以500kV变压器安装为例，选用真空滤油机的主要指标如下：真空泵作为真空干燥工艺的关键设备，应充分考虑现场施工需求；330kV及以上变压器抽真空残压要求达到10Pa以下，宜选用进口单级旋片真空泵再配置一级罗茨泵。

（二）真空滤油机

（1）原理。真空滤油是根据水和油的沸点不同而设计的，它由加热器、过滤器、冷凝器、分水器、真空分离器、真空泵、排油泵、电磁阀以及控制柜等主要构件组成，主要性能如下：

1）具备高效的脱水、脱气功能，能高效快速分离油中的水分、气体。

2）采用网状过滤与高分子吸附相结合的除杂技术、多级精密过滤逐级加密，能有效滤除油中的细微杂质，保证过滤精度。

3）具有稳定的加热系统，确保加热均匀，油温稳定，避免油质老化。

（2）以500kV变压器安装为例，选用真空滤油机的主要指标如下：

1）标称流量应达到6000～12 000L/h。

2）具有两级真空功能，真空泵能力宜大于1500L/min，机械增压泵能力宜大于280m³/h，运行真空不大于67Pa，加热器应分成2～3组。

3）运行油温应为20～70℃。

4）滤油机出口处应配置取油阀。

（三）干燥空气发生器

（1）原理。

1）大气经空气压缩机进入储气罐，大部分水分被压缩液化经排水阀排除，空气进行第一次干燥，之后进入冷冻式干燥机，空气中的水分被凝结成水，空气进行第二次干燥；然后进入吸附式干燥机进行第三次干燥，将剩余微量水分吸附掉，最后经过高精度空气过滤器输送至需要干燥气体的设备中。

2）干燥空气发生器主要由气源系统、冷冻干燥系统、吸附干燥系统、电气控制系统四部分组成。气源系统包括空气粉尘过滤器、全无油式气泵（或螺杆式无油空压机）、散热器、气水分离器、过滤器等部件。冷冻干燥系统包括全密封压缩机组、空气换热器、蒸发器、气水分离器、精过滤器等部件。

（2）以 500kV 变压器安装为例，选用干燥空气发生器的主要指标如下：干燥空气发生器标称供气量应达到 300～600m³/h，压力露点不大于−65～−40℃，排气压力控制在 0.1～0.3MPa 内，吸附剂采用活性氧化铝或分子筛，工作压力为 0.5～0.7MPa。

（四）汽车吊、吊索选择（以 500kV 变压器为例进行说明）

变压器附件吊装中质量最大的为储油柜（约 3t）。汽车吊通常停放在通道马路及变压器基础间，吊装时地面需采取加固措施，铺设钢板，汽车吊中心距储油柜安装位置约 7m，起吊高度约 13m，如图 Z42E1003−1 所示。根据表 Z42E1003−3，可选用 25t 汽车吊，负荷比率小于 85%能满足安全使用条件。

起吊吊索可用 2 根 3t 合成纤维吊带，每根吊带承载 1.5t，符合要求。

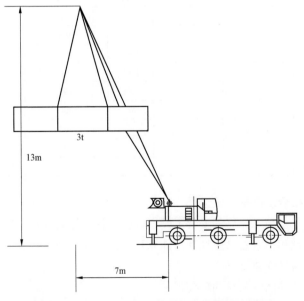

图 Z42E1003−1　变压器储油柜安装场地布置图

表 Z42E1003–3　　　　　　　　　25t 吊机起重性能表

幅度 （m）	主臂长度（m）				主臂加辅臂（m）	备注
	8.4	13.9	19.4	24.9	31.55	
3.0	25 000	16 300				
3.5	24 500	15 000				
4.0	22 000	13 800				
4.5	19 500	12 300	10 300			
5.0	17 000	11 800	9300			
6.0	12 000	9800	8000	6100		
7.0		8500	6800	5400	3000	
8.0		7300	6000	4800	3000	
9.0		6000	5300	4300	3700	
10.0		5000	4600	3900	2300	
11.0		4.100	4000	3.600	2100	
12.0		3.500	3.300	3300	1900	（1）汽车吊行驶速度应 低于 5km/h。
13.0			2900	3000	1700	（2）轮胎气压 0.65MPa， 作业时应锁死稳定器。
14.0			2500	2650	1500	（3）幅度指吊钩中心到 回转中心的水平距离
15.0			2200	2200	1400	
16.0			1950	1950	1300	
17.0			1750	1750	1200	
18.0				1500	1100	
19.0				1300	1000	
20.0				1200	900	
21.0				1100	800	
22.0				1000	700	
23.0				900	600	
24.0					500	
25.0					400	
26.0					300	

三、工器具检查及维护、试运行

（1）按施工需要配备完好的安装工具、机械设备、起重设备、消防设施和劳动保护设施，起重机械和吊索器具应经受力计算和选择，并保证其性能、状态良好，检查施工用电容量应满足安装要求。

（2）变压器安装油务系统的配备。

1）储油罐容量不小于变压器总油量的 120%，罐内应清洁干净，吸潮剂良好，并做好防雨、防潮措施。

2）搭设滤油房，应有防雨措施。

3）配备足够的滤油管，使用前用洁净的变压器油循环冲洗干净。

4）连接储油罐与滤油设备，滤油设备试运行正常，机内存油和污垢应清除干净。

5）干燥空气发生器试运转正常，露点不大于-40℃。

（3）变压器安装真空系统的准备：

1）真空管路应清洁、密封良好。

2）真空表（计）校验合格并选型正确。

3）真空泵试运转应正常。

（4）现场布置：按照《国家电网公司输变电工程安全文明施工标准化管理办法》要求进行现场布置。

1）施工必须使用专用工具台。

2）变压器瓷套管必须做好瓷件保护措施。

3）吊装区域必须进行安全隔离，并放置起重作业区的标识牌。

【思考与练习】

1. 变压器安装过程准备有哪些主要工器具？

2. 变压器安装过程中真空滤油机如何选择？

3. 变压器安装过程中吊具如何选择？

◢ 模块 4　绝缘油现场处理（Z42E1004）

【模块描述】本模块包含油浸式变压器（电抗器）安装前绝缘油处理及工艺要求；通过讲解和实训，达到能正确实施变压器、电抗器绝缘油的现场处理方法。

【模块内容】绝缘油现场处理主要包括施工方案交底、设备及工器具的准备、油务处理的步骤和操作方法、绝缘油试验及绝缘油现场处理相关注意事项。

一、危险点分析与控制措施

变压器现场滤油过程中的危险点分析与控制措施见表 Z42E1004-1。

表 Z42E1004-1　　变压器现场滤油危险点分析与控制措施

序号	危险点	控制措施
1	施工设备绝缘不良而带电、设备损坏、接线不规范	施工前对施工设备绝缘、外观进行检查，并可靠接地
2	吊臂回转引起起吊重心偏移和失稳	确认吊车完全伸展，支撑牢固

续表

序号	危险点	控制措施
3	起重引起设备损坏或人员伤亡	起重工作规范并使用工况良好的起重设备
4	吊臂回转时相邻设备带电，距离过近，会引起放电	吊车进入施工现场后，合理布置其位置，注意吊臂与带电设备保持足够的安全距离：500kV 电压等级不小于 8.5m，330kV 电压等级不小于 7m，220kV 电压等级不小于 6m，110kV 电压等级不小于 5m，35kV 电压等级不小于 4m
5	变压器油大量泄漏造成环境污染	变压器周围构筑临时围堰，防止变压器油流入下水道、排水沟

二、工作前准备

1. 方案交底

工作前根据施工方案进行交底，使施工人员了解电源容量及位置、变压器技术参数，明确绝缘油现场处理设备及相应工器具性能特点，熟知真空注油、热油循环、整体密封试验的工序、注意事项和危险点预控措施。

2. 主要设备配置

（1）压力式滤油机一台，主要用于将制造厂变压器油注入储油罐和对附件清洗用，特点质量轻、体积小，方便移动，处理绝缘油中大颗粒杂质效果明显。

（2）真空滤油机一台，这是绝缘油处理的主设备，应根据变压器绝缘油处理的要求进行滤油机参数配置。

（3）滤油管及油管卡箍，滤油管要能承受高真空度，最好是透明、耐油性能好的滤油管。

（4）储油罐配置。

1）现场应使用合格的储油罐组，容积应大于单台最大设备容积的 120%。

2）储油罐应顶部设置进出气阀，用于呼吸的进气口应安装干燥过滤装置。

3）储油罐应设置进油阀、出油阀、油样阀和残油阀，出油阀位于罐的下部、距罐底约 100 mm，进油阀位于罐上部，油样阀位于罐的中下部，残油阀位于罐底部。

4）储油罐顶部应设置人孔盖并能可靠密封。

5）储油罐应设置油位指示装置。

6）储油罐应设置专用起吊挂环和专用接地连接点，并在存放点与主接地网可靠连接。

7）现场应配备废油存放罐，用于残油、清洗油的放置，避免对正式储油罐内的油产生污染。

三、处理步骤

（1）油处理前，必须将储油罐、滤油机、输油管道等清洗干净。

（2）压力式滤油机应先裁剪好滤油纸，将滤纸放在温度为（80±5）℃的烘箱内烘干24h后再放入干净的密封箱内备用。

（3）油务系统的布置，根据标化要求选择合理布置方式，应就近变压器本体，管路应尽量短，便于监视、操作和变换运行方式。油务系统的设备、储油罐与管道应密封良好，防止潮气侵入。

（4）制造厂运抵现场的绝缘油应按验收规范要求进行取样试验，油罐车运输的绝缘油，通过目测、辨别气味确认绝缘油无异样；小桶运输的绝缘油应进行商标核对，对每桶进行目测和辨别气味，防止其他油种混入，并按规定抽取足够数量的油样进行试验。

（5）试验合格后用压力式滤油机将绝缘油注入储油罐。

（6）绝缘油处理。

1）真空滤油机先注入绝缘油至脱气罐的正常油位，进行滤油机自循环。

2）把滤油机放置在滤油方式，开启进油泵使绝缘油注入至脱气罐的正常油位，开启出油泵，到油循环正常后，投入两组加热器，待油温稳定后，判断是否投入第三组加热器。

3）调整滤油机油温控制器，油温控制在55～70℃为宜，以有利脱气并防止绝缘油老化，严密监视滤油机的流速和温度，防止绝缘油碳化和跑油事件，油务记录每小时一次，内容一般为时间、油温、滤油量、设备运转状态和操作人员。

4）为了提高滤油工效，滤油采取从一只储油罐翻到另一只储油罐的操作方式。

5）变压器真空注入前，应在真空滤油机出口取样进行油试验，试验结果符合标准，进行真空注油（真空注油按模块Z42E1007）。

6）真空滤油机加热器，开机先关闭加热器，为了冷却加热器应让油继续循环15min，然后关闭罗茨泵，真空泵继续运行30min后可关闭真空滤油机。

四、绝缘油试验

变压器现场滤油后应进行油试验，绝缘油试验项目见表Z42E1004-2，绝缘油取样数量见表Z42E1004-3，变压器油的性能应符合出厂技术资料要求及相关技术标准，但不得低于表Z42E1004-4的要求。

表 Z42E1004-2 　　　　　绝 缘 油 试 验 项 目

序号	设备名称		试验项目
1	厂家原油、滤油后油样、变压器内检后油样、变压器本体残油		介损、微水、耐压、油牌号分析
2	变压器本体最终油样	220kV及以下电压等级	介损、微水、耐压、简化、色谱
		500kV及以上电压等级	介损、微水、耐压、简化、色谱、含气量
3	变压器局部放电后油样		色谱

表 Z42E1004–3　　　　　　　　绝 缘 油 取 样 数 量

每批油的桶数	取样桶数	每批油的桶数	取样桶数
1	1	51～100	7
2～5	2	101～200	10
6～20	3	201～400	15
21～50	4	401 及以上	20

表 Z42E1004–4　　　　　　　　合 格 绝 缘 油 标 准

电压等级 （kV）	耐压值 （2.5mm，kV）	含水量 （mg/L）	$\tan\delta$ （90℃）	油中气体含量	颗粒度
35	≥35	≤20	≤0.01	—	—
66	≥40	≤20	≤0.01	—	—
110	≥40	≤20	≤0.01	—	—
220	≥40	≤15	≤0.01	—	—
330	≥50	≤10	≤0.01	≤1%	—
500	≥60	≤10	≤0.007	≤1%	—
750～1000	≥70	≤8	≤0.005	≤0.5%	≤1000/100mL（5～100m 颗粒，无 100m 以上颗粒）

五、注意事项

（1）检查注油设备、注油管路是否清洁干净，新使用的油管也应先冲洗干净。

（2）检查清洁油罐、油桶、管路、滤油机、油泵等，应保持清洁干燥，无灰尘杂质和水分，清洁完毕应做好密封措施。

（3）雨雪天或雾天不宜进行现场滤油工作。

（4）绝缘油处理现场必须设置消防设备。

（5）施工电气设备和储油罐必须可靠接地。

（6）储油罐应检查呼吸装置是否畅通，硅胶是否受潮变色。

【思考与练习】

1. 变压器现场滤油前储油罐如何配置？

2. 变压器真空滤油的处理步骤？

3. 进行真空滤油时应注意哪些异常情况？

▲ 模块 5　分接开关的安装、调试及工艺要求（Z42E1005）

【模块描述】本模块包含分接开关安装、调试及其工艺要求；通过讲解和实训，达到能正确安装分接开关。

【模块内容】变压器配置的分接开关可分为有载分接开关、无载分接开关。无载分接开关主要安装工作包括：操动机构、传动系统和分接开关的检查。有载分接开关是变压器带负载改变绕组匝数比达到调节电压的装置，按结构形式可分为组合式和复合式；主要安装工作包括切换开关吊芯、清洗切换开关油室和芯体、切换开关的检查及安装、注油、连接校验等。

一、危险点分析与控制措施

分接开关的检查、安装、调试时，危险点分析与控制措施见表 Z42E1005−1。

表 Z42E1005−1　　　　　　　危险点分析与控制措施表

序号	作业内容	危险点	控制措施
1	分接开关的检查	窒息、触电	（1）在器身内部检查过程中，应连续充入露点小于−40℃的干燥空气，防止检查人员缺氧窒息； （2）如是充油运输，在排油后也应向器身内部充入干燥空气； （3）检查过程中如需要照明，必须使用 12V 以下带防护罩的行灯，行灯电源线必须使用橡胶软芯电缆； （4）器身内部检查前后要清点所有物品、工具，发现有物品落入变压器内要及时报告并清除
2	分接开关的安装	起重伤害、高处坠落	（1）在安装升高座、套管、储油柜及顶部油管等时，必须牢固系好安全带，工具等用布带系好； （2）变压器顶部的油污应预先清理干净； （3）吊车指挥人员宜站在钟罩顶部进行指挥
3	分接开关的调试	触电	（1）根据试验项目和要求选择合适的试验电源； （2）作业人员应与设备运行管理部门联系，避免在试验过程中突然停电，给试验人员和设备带来危害； （3）试验区域应装设门形组装式安全围栏，并接地线，专人监护； （4）试验结束后，应将电荷放净，接地装置拆除

二、无励磁开关类型

1. 分类和标识代号

（1）按结构方式分类，共分五类，其结构方式的标志代号见表 Z42E1005−2。

表 Z42E1005–2　　　　　　　　　无励磁开关结构方式分类

结构方式	盘形	鼓形	条形	笼形	筒形（管形）
结构特征	分接端子分布在一个圆形盘上。立式布置	分接引线柱沿圆周方向均布，并置于一绝缘筒内	分接端子分布在一条直线上	分接端子分布在笼式绝缘杆上	在笼形开关上引进了绝缘筒和纯滚动触头
代号	P	G	T	L	C

（2）按相数分类，分为三相（代号 S）、单相（代号 D）和特殊设计的两相（代号 L）；三个单相无励磁开关组合可由一个操动机构进行机械联动。

（3）按调压方式分类，分为线性调（Y 接或 D 接）、正反调（Y 接或 D 接）、单桥跨接（中部）、双桥跨接。

（4）按操动方式分类，分为手动操作（无标识）和电动操作（代号 D）两类。电动操作按其电动机构与无励磁开关连接方式，分为复合式（头部电动）和分开式（箱壁安装）。

（5）按触头结构分类，分为夹片式（代号 A）、滚动式（代号 B）和楔形式（代号 C）。

（6）按安装结构分类，分为立式（L）和卧式（W）。

（7）按安装方式分类，分为箱顶式和钟罩式。

（8）按调压部位分类，分为中性点调压、中部调压和线端调压三类。调压方式和调压部位的标志代号见表 Z42E1005–3。

表 Z42E1005–3　　　　无励磁开关调压方式和调压部位的标志代号

结构方式	调压方式				
	线性调压	中性点调压	正反调	中部调单桥跨接	双桥跨接
盘形无励磁开关	I	III	—	II	—
条形无励磁开关	—	III	—	II	—
鼓形无励磁开关	I	—	VI	II	III
笼形无励磁开关	IV	—	II	V	VII
筒形无励磁开关	I	—	VI	II	III

2. 安装方式

由于无励磁开关品种规格较多，其操作方式、安装方式、开关出线方式多种多样，制造厂将条形、鼓形和筒形三种基本结构的无励磁分接开关，按其安装方式进行模块化配置分为操作方式、安装方式和出线方式的三种组合，每种方式又有五种配置，简称为"555"模块化配置，见表 Z42E1005-4。

表 Z42E1005-4　　无励磁开关安装"555"模块化配置表

模块序号	1	2	3	4	5
操作方式	手动上操作	手动侧操作	手动地面操作	电动上操作	电动侧操作
安装方式	夹件式安装	落地式安装	卧式安装	平顶式安装	钟罩式安装
出线方式	轴向单出线	轴向双出线	径向单出线	径向双出线	仅有接线端子

三、无励磁开关结构简介

1. 盘形结构

盘形无励磁开关在安装结构上为立式设置，由接触系统、绝缘系统和操动机构三部分组成。按其触头结构有滚动式和夹片式两种，如图 Z42E1005-1 所示。

盘形无励磁开关具有结构合理、手感强、转动灵活、到位准确、密封性能好、接触电阻小等特点，按其调压方式分为中性点调压（Ⅲ）、中部调压（Ⅱ）、线端调压（Ⅰ）三种，按相数又分为三相（S）和单相（D）两种，主要供 10～35kV 配电变压器选用。

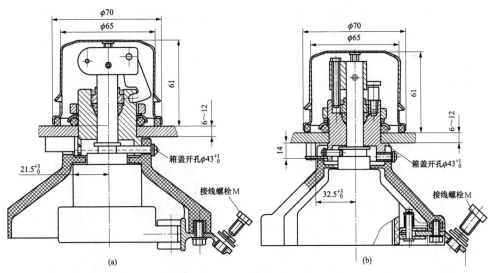

图 Z42E1005-1　盘形无励磁开关触头
（a）滚动式；（b）夹片式

2. 鼓形结构

鼓形无励磁开关静触头为多柱触头式，如图 Z42E1005-2 所示，动触头嵌入两相邻静触头之间，并跨接该两分接头。动触头采用滚环式结构，早期采用的盘形弹簧现

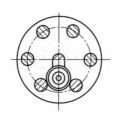

图 Z42E1005-2 鼓形无励磁开关
静触头结构原理图

改用圆柱式弹簧，接触稳定可靠。近年来部分制造厂还在触环内增设滚动轴承，实现了动触环的纯滚动运动，转动更灵活、到位更准确，触头接触压力更均匀可靠。在开关本体上增设触头自动定位器，能在变压器外部操作时准确判断无励磁开关定位，进一步提高了可靠性，同时还消除了机构与本体离合时可能产生的悬浮电位放电现象。

鼓形无励磁开关由操动机构和开关本体两大部分组成。操动机构中设有工作指示和定位锁紧装置，具有操作方便、手感极强，接触压力均匀、定位准确的优点。这类开关的动触头采用偏转推进机构，主轴转过死点后自动归位，从而可靠的完成分接变换操作。开关本体采用绝缘筒隔离，体积小、静触头电场分布好。主要绝缘结构件均采用 E 级以上绝缘材料，具有电气和机械强度好的优点。为了便于观察触头接触及核对接线，主绝缘筒上设有观察窗口。小电流无励磁开关静触头为柱上端进线，大电流无励磁开关静触头为柱上、下端并联进线。结构上有卧式和立式；传动方式分为上部传动和下部传动，相数有单相和三相，还有特殊生产的"1+2"相。接线原理覆盖了线性调、单桥跨接、双桥跨接、Y-D 转换、串并联及正反调多种接线原理。电压可到 420kV，电流可到 6300A，被广泛地应用于各种类型的电力变压器。

3. 筒形（管形）结构

筒形无励磁开关把笼形无励磁开关与鼓形无励磁开关的技术进行组合，结构如图 Z42E1005-3 所示。

产品特点：在笼形无励磁开关上引进了纯滚动触头，使其既具备笼形无励磁开关操作特点又具备鼓形无励磁开关触头特点；外观简洁明快；转动力矩轻盈，到位手感清晰；采用外封闭内循环散热系统，散热效果好，触头温升低；其电流大小仅通过并联动触环数量及静触头轴向增长来达到目的。因而该系列无励磁开关比夹片式触头无励磁开关外形尺寸要小，电场分

图 Z42E1005-3 筒形无励磁开关

布也更均匀，局部放电量较低。将笼形无励磁开关绝缘杆撑条结构变为整体绝缘筒结构，刚度与电场大大改善。其一般安装于变压器一端，相对于笼形无励磁开关占用变压器内部空间较小。筒形无励磁开关按相数有单相和三相两种；按传动方式分有上部传动和下部传动两种；按操作方式有手动操作和电动操作两种，操作可靠性高，杜绝了误操作事故的发生。箱顶式和钟罩式是分接开关安装的两种形式，尤其适用于大容量的变压器配套使用。

四、无励磁开关安装

变压器无励磁开关通常采用手动操作，操作手柄设置于变压器顶盖上；为便于操作也可以通过传动系统，在无励磁开关操动机构设置在变压器底部或侧面。

（一）安装步骤

1. 操作杆安装

操作杆是连接操动机构与切换开关的绝缘杆，安装时要把操作杆插入分接开关传动轴销钉，通常分接开关位于变压器中部或底部，不宜看到销钉位置，需事先使用手电筒从安装孔向下照，看准销钉大小的方向，再把操作杆套好密封垫，大小槽口方向转向和销钉相一致，把操作杆从安装孔内插入。操作杆慢慢插入直到手感遇有障碍时（说明传动杆端口已进入传动轴），提升传动杆少许，用手轻轻晃动操作杆，确认操作杆下端已套入传动轴轴销后再向下插，如果操作杆未套入传动轴需要调整槽口方向重新进行安装，直到操作杆与分接开关传动轴连接可靠，操作杆左右慢慢转动均有阻力，且法兰已落到箱盖上。

2. 检查操作

操作杆安装完毕后，预装操动机构固定螺丝，进行预操作检查动作情况。操作分接开关操作手柄向一个方向转动，当听到"喀嚓"一声（开关转动的声音），证明分接开关能正确动作。然后再向相反方向转动一个分接位置，使开关保持原分接位置不变。操作检查正确后，紧固操动机构法兰，检查密封良好。

3. 挡位指示调整

当外部指示分接位置和器身内分接位置不一致时，可以取下操作手柄法兰，可通过调整挡位指示定位钉和花盘进行校正。花盘上沿圆周均匀分布有 1 个光孔，而手柄在同一圆周上有 10 个螺孔，通过用定位钉选择固定花盘上光孔和手柄螺孔的不同位置，可以把手柄法兰调整到所需的位置。

切换开关检查（结合器身检查进行）：

（1）检查无励磁开关绝缘件无剥裂变形及损伤，发现有剥裂变形及损伤的绝缘件应予以更换。

（2）检查无励磁开关各零部件螺栓紧固，对部分硬木螺栓紧固时用力均匀，防止损坏。要求各部位零部件螺栓紧固无松动。

（3）检查无励磁开关触头无烧伤痕迹、氧化变色（镀银层有轻微变色属正常现象）、镀层脱落、碰伤痕迹，弹簧无松动，弹力良好，触头接触严密。

（4）检查分接引线连接牢靠无松动。

（5）用 0.02mm 塞尺检查触头接触是否良好，要求触头接触紧密无间隙。

（6）必要时，测量接触压力，用专用的测压计或弹簧秤来测量。测量的触头最小接触压力是在触头串联的信号灯熄灭时，或动静触头间放置的厚度小于 0.1mm 的塞片能自由活动时的分离力。接触压力应在 20～50N 或符合制造厂规定。

（7）测量接触电阻，用电桥法或电压降法来测量。若用电压降法测量时电流应小于额定通过电流的 1/3。测量前应对无励磁开关进行 1～3 个操作循环的分接变换。接触电阻应小于 350μΩ。

（8）用干净变压器油对无励磁开关触头、绝缘件、操作杆进行清洗，用无绒毛白布擦拭干净。

（二）安装注意事项

（1）无励磁开关安装前核对相别和位置标志，安装后指示位置必须一致，各相手柄及传动机构不得互换。

（2）拆下的操作杆应放入变压器油中或用干净塑料纸包上，防止受损、受潮。检查操作杆绝缘良好，应无弯曲变形。

（3）操动机构操作灵活，无卡滞。定位螺钉固定后，动触头应处于静触头中间。

（4）操作杆转轴部位密封良好，注油后应无渗漏。

（5）无励磁开关绝缘操作杆下端槽形插口与开关转轴上端圆柱销的接触是否良好，如有接触不良或放电痕迹应加装弹簧片。

（6）无励磁开关法兰盘密封垫，发现密封垫变形及损伤应予以更换。

（三）调整操作顺序

（1）测量变压器运行分接头的直流电阻。

（2）松开无励磁开关的定位螺栓。

（3）将无励磁开关转动几次，以消除氧化膜，再恢复至所需挡位。

（4）连同变压器绕组测量调整后分接头的直流电阻，确认调整后分接头位置与调度通知相符。

（5）拧好定位螺栓。

（四）调整操作注意事项

（1）盘形和鼓形等部分无励磁开关，调整操作时有明显的手感，而条形等部分无励磁开关，调整操作时手感不强，应由有经验的调整人员操作。目前条形无励磁开关用的已较少。

（2）对 220kV 及以上变压器，调整分接头后，除测量直流电阻外，建议增加变压器的变比试验再进行确认。

（3）电动操作的无励磁开关，在无操作是应断开电动操动机构电源。

（4）操动机构引至变压器下部的无励磁开关，务必采取严密的防误操作措施。

五、有载开关的类别

1. 有载开关类型

常见有载开关类型见表 Z42E1005-5。

表 Z42E1005-5　　　　常见有载开关类型表

制造厂家		油浸式		油浸真空		干式真空	电子式	空气式	油浸式
		组合式	复合式	组合式	复合式	组合式	组合式		简易复合式
贵州长征电气股份有限公司	开关	M（ZY1A）、MD、MB、MT、MG	V（FY30）			KY			SY□Z
	机构	MA7B、MAE	MA9B、MAE			ZDT40B			
上海华明电力设备制造有限公司	开关	CM、CMB、CMD	CV、SV	SHZV、SHJV		CVT、CZ	TA	CK	SY□ZZ、CF
	机构	CMA7、SHM	CMA9、SHM	SHM		CMA9		HMK-10	
西安鹏远开关有限责任公司	开关	Z	F						F□
	机构	DCY	DCF						
德国 MR 公司	开关	M、RM、R、G	V	VR	VV	VT			
	机构	ED100、MA7	ED100、MA9	ED100	ED100	ED100			
ABB 公司	开关	UC	UB						
	机构	BUE	BUL						

2. 有载开关分类

（1）按整体结构分类，分为组合式和复合式两大类。

1）组合式有载开关的结构特点：切换开关和分接选择器功能独立，分步完成，即分接选择器触头是在无负载电流的状况下选择分接头之后，切换开关触头带负荷转换到已选的另一个分接头上。

2）复合式有载开关把分接选择器和切换开关功能结合在一起，其触头是在带负荷状况下一次性完成选择切换分接头的任务。

（2）按过渡阻抗分类，分为电阻式和电抗式两种。目前国内生产的有载开关均为电阻式。按过渡电阻的数量又分为单电阻过渡式、双电阻过渡式、四电阻过渡式、六电阻过渡式。

（3）按绝缘介质和切换介质分类，分为油浸式有载开关、油浸式真空有载开关、干式有载开关。干式有载开关按其绝缘介质和灭弧介质又分为干式真空、干式 SF_6 气体和空气式有载开关。

（4）按相数分类，分为单相、三相和特殊设计的（Ⅰ+Ⅱ）相。

（5）按调压方式分类，分为线性调压、正反调压和粗细调压三种。

（6）按安装方式分类，有埋入式安装与外置式安装、顶部引入传动与中部引入传动、平顶式（连箱盖）安装与钟罩式安装等方式。

（7）按触点方式分类，分为有触点与无触点两种。无触点有载开关也称为电子式有载开关，负载从一个分接转换到另一分接时由晶闸管这类电力电子器件来完成，因而无电弧产生，从根本上解决了有载开关电气寿命短的问题。

六、复合式有载分接开关

（一）概述

复合式有载分接开关（简称有载开关）类型较多，但基本工作原理相同，它把切换开关和分接选择器功能结合在一起，其触头是在带负荷状况下一次性完成选择切换分接头任务。这类有载开关，在系统运行最多的具有代表性的属 V 型有载开关。目前国内各制造厂，均以生产仿德国 MR 公司技术的 V 型有载开关为主，相对于 M 型开关结构比较简单，运行情况良好，在 35～110kV 中小型变压器上得到广泛应用。

V 型系列有载开关，各制造厂均有各自的型号编码，见表 Z42E1005-6。这些有载开关在结构、工作原理和技术性能上基本相同。

表 Z42E1005-6　　　　　　各制造厂 V 型有载开关型号编码

生产厂家	V 型有载开关型号编码	生产厂家	V 型有载开关型号编码
上海华明电力设备制造有限公司	CV 型	吴江远洋电气有限责任公司	F1 型
贵州长征电气股份有限公司	V 型（FY30 型）	西安鹏远开关有限责任公司	F 型

V 型系列有载开关，它适用于额定电压 35～110kV，最大额定通过电流为三相 200、350、500A，单相 350、700A，频率为 50Hz（60Hz）的电力变压器或工业变压器。其

中，三相有载开关可用于星形连接中性点调压和三角形连接端部或中部调压，单相有载开关可用于任意调压方式。

（二）V 型有载开关的整体结构

V 型有载开关主要由选择开关、电动机构构成，其整体、部件结构如图 Z42E1005-4～图 Z42E1005-6 所示，它把切换与选择功能合一，构成选择开关，现场有时称为选切开关。

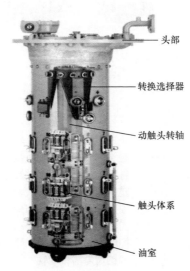

图 Z42E1005-4　V 型有载开关的整体结构

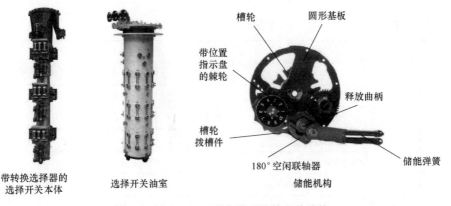

图 Z42E1005-5　V 型有载开关的部件结构

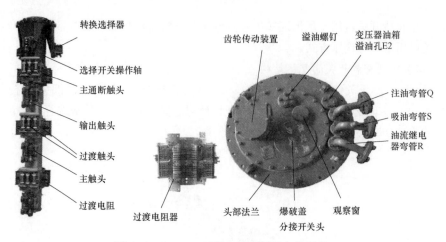

图 Z42E1005-6 V 型有载开关的部件结构

V 型有载开关组成部件如下：

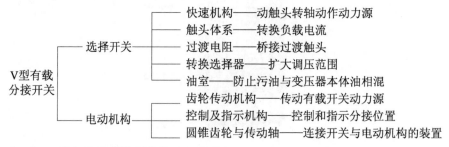

（三）V 型有载开关技术数据

V 型有载开关技术参数见表 Z42E1005-7。

表 Z42E1005-7 V 型有载开关技术参数

序号	分类特征		类 别						
	型号		V200			V350		V500	V700
1	最大额定通过电流（A）		200			350		500	700
2	相数		3	3	1	3	3	1	3	3	1
3	连接方式		Y	D		Y	D		Y	D	
4	额定频率（Hz）		50、60							
5	最大额定级电压（V）	圆周筒 10 个触头	1500			1500			1500	1500
		圆周筒 12 个触头	1400			1400			1400	1400
		圆周筒 14 个触头	1000			1000			—	1000

续表

序号	分类特征		类别								
	型号		V200		V350		V500		V700		
6	额定级容量（kVA）	圆周筒 10 个触头	300		525		400	525	660		
		圆周筒 12 个触头	280		420		325	420	520		
		圆周筒 14 个触头	200		350		—	—	450		
7	承受短路能力（kA）	热稳定（3s 有效值）	4.0		5.0		7.0		10		
		动稳定（峰值）	10		12.5		17.5		25		
8	绝缘水平	额定电压（kV）	35				60		110		
		设备最高工作电压（kV）	40.5				72.5		126		
		工频耐压（50Hz、1min，kV）	85				140		230		
		冲击耐压（1.2/50μs，kV）	200				350		550		
9	最大工作位置数		线性调 14，正反调或粗细调 27								
10	机械寿命		≥80 万次								
11	电气寿命		≥20 万次								
12	选择开关油室	工作压力	30kPa 及真空								
		密封性能	60kPa								
		超压保护	爆破盖 300～500kPa								
		保护继电器	QJ4G–25								
13	排油量（L）	不带转换选择器	125	165	80	135	185	85	205	240	120
		带转换选择器	155	200	110	165	220	115	235	275	150
14	充油量（L）	不带转换选择器	100	145	55	110	165	68	160	200	85
		带转换选择器	125	165	80	135	180	85	185	225	108
15	质量（kg）		130	140	110	140	150	120	190	200	130
16	配用电动机构		CMA9、SHM–II、MA9、MA9B、MAE、DCF1、DCF、DCV1、ED								

注　1. 级容量等于级电压与负载电流的乘积，额定级容量是连续允许的最大级容量。

　　2. V500A 有载开关在降低额定电流情况下，额定级容量可以从 400kVA 增至 525kVA（10 个触头），从 325kVA 增至 420kVA（12 个触头）。

（四）V 型有载分接开关的整体拆装

1. 箱顶式 V 型有载开关整体拆装

配置箱顶式 V 型有载开关的钟罩式变压器，变压器吊罩时需要将箱顶式 V 型有载开关整体拆卸，其拆装方式如下：

（1）将有载开关调至整定工作位置，排尽变压器本体和有载开关绝缘油。

（2）打开人孔洞，进入油箱内部。

（3）拆除分接引线、中性点引线，做好各分接引线标记，检查有载开关与变压器芯体确已完全分离。

（4）变压器吊罩，连同有载开关（包括电动操动机构）一起吊离。

（5）复装时按拆卸逆顺序进行，核对分接引线标记，确保接线正确；检查引线松紧程度，油室及油室上的接线柱不得受力变形；分接引线绕过油室表面，必须保留50mm 的间隙。检查引线绝缘良好，螺栓紧固。

2. 钟罩式 V 型有载开关整体拆装

配置钟罩式 V 型有载开关的钟罩式变压器，变压器吊罩时需要将钟罩式 V 型有载开关整体拆卸，其拆装方式如下。

钟罩式 V 型有载开关整体拆装如图 Z42E1005–7 所示。

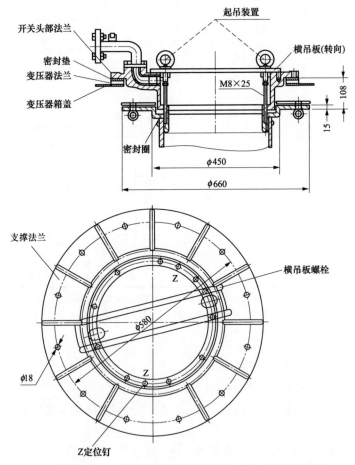

图 Z42E1005–7　钟罩式变压器用钟罩式有载开关的拆装图

（1）将有载开关调至整定工作位置，排尽变压器本体和有载开关绝缘油，拆除头部附件及头盖。

（2）拆卸快速机构圆形基板与法兰连接的 5 只 M8 螺钉及垫圈，向上取出快速机构。

（3）取出抽油管，用起吊工具吊出动触头转轴。

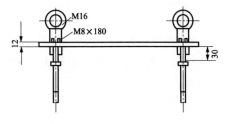

（4）利用专用吊板（见图 Z42E1005-8）吊紧切换开关油室芯体，拧下中间法兰与上法兰之间 9 只 M8 螺栓，缓慢地放下吊板。当油室头部法兰与中间法兰之间脱开间隙至 15～20mm 时，检查变压器器身上的有载开关预装支架的高度，调整至上述间隙尺寸，然后取掉吊板。

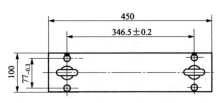

（5）卸除固定在变压器钟罩上的有载开关头部安装法兰上的 24 只 M12 固定螺栓，此时有载开关与变压器钟罩已经脱离，具备变压器钟罩的吊罩条件。

图 Z42E1005-8 V 型有载开关专用吊板

（6）复装时按相反顺序进行。变压器盖罩之前，进行一次全面复查（主要检查引线松紧程度；油室及油室上的接线柱不得受力变形；分接引线绕过油室表面，必须保留 50mm 的间隙；检查引线绝缘良好，螺栓紧固）。

（五）V 型有载开关安装

1. 选择开关吊芯

选择开关吊芯时，要求使用手拉葫芦缓慢起吊，切勿使用起重机直接起吊，避免芯体损坏。

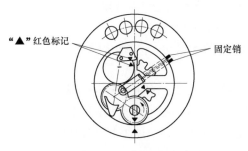

图 Z42E1005-9 有载开关整定
工作位置"▲"红色标记对准

（1）将有载开关从 n→1 方向调整至整定工作位置；放油并拆除头部附件及头盖。

（2）拆卸快速机构。

1）再次检查有载开关在整定工作位置，必要时用装卸扳手调整正确，将"▲"红色标记位置对准，如图 Z42E1005-9 所示。

2）借助 M5×20 螺钉，取出拉伸弹

簧装置中的固定销。

3）松开吸油管螺母，并将油管转向中间。

4）用套筒扳手拆开 5 只 M8 螺栓，提出快速机构。保存好弹簧垫片，并记录整定工作位置和"▲"红色标记方向。

（3）吊芯。

1）使用装卸扳手和 3 只 M10 螺栓连接主轴的轴承座，并按顺时针方向转动，使转换选择器的动触头脱离静触头，在整定工作位置时，转换选择器的动触头在"—="的位置。

2）使用专用工具插入抽油管槽内，慢慢地向上撬起，然后插入第二槽内，轻轻摇动拔出抽油管。

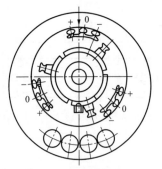

3）使用专用扳手使之与主轴的轴承座连接，然后在扳手上系好吊绳。

4）让吊绳缓慢受力，调整吊绳垂直度，再次检查转换选择器的动触头在空挡位置，如图 Z42E1005-10 所示，用起吊设备将芯体缓缓吊出。芯体起吊过程中，始终有一人扶着，主轴务必垂直，防止碰伤动、静触头与均压环和过渡电阻。

图 Z42E1005-10　吊芯时动触头位置

2. 快速机构检查

快速机构主要检查各部件连接良好，进行清洗；重点检查拉伸弹簧拉攀处焊接情况、弹簧及机构底板是否变形等。清洗机构全部零部件；复紧各个紧固件后转动齿轮，要求转动灵活、无卡滞，位置显示清晰正确；然后调整机构至整定工作位置，"▲"红色标记应对齐。

3. 主轴及动触头组的检查

（1）检查所有的主动触头及连接触头，用手检查全部动触头的压力，感觉按下触头过程。放开手后触头应恢复到原位，动作过程应平滑、无卡滞现象。

（2）检查每相动触头组支架与主轴连接应可靠无松动。

（3）检查转换选择器的支架与主轴连接应可靠无松动，动触头应无弯曲变形。

（4）检查绝缘主轴应无弯曲变形。

（5）检查电阻丝与动触头的软连接线应完好无损伤，紧固件应连接可靠。

（6）使用电桥测量过渡电阻值。测量时，一端接在主通断触头上（中间），另一端接在过渡触头上（两侧），不得直接接在过渡电阻上。两个过渡电阻值要基本一致，且与出厂铭牌值比较，其偏差不应大于±10%。

（7）清洗主轴及动触头组。

4. 油室及静触头的检查

（1）检查静触头及支座应紧固无松动。

（2）利用变压器本体及其储油柜的绝缘油对油室的压差，检查油室无渗漏油现象。

（3）清洗油室。

5. 芯体复装

（1）移去头盖，将芯体吊起置于油室上方，调整吊绳垂直度和中心位置，使主轴上的动触头处于转换选择器的空挡位置，然后慢慢放入油室内，使主轴底部的轴承座与油室底部的嵌件正确衔接并贴紧。

（2）插入抽油管，并用手将其压入筒底，应插入筒底嵌件内，并正确到位。

（3）借助装卸扳手，将动触头转动至"K"位置（整定工作位置）。对带转换选择器的有载开关，将其动触头同时置于"　"位置。

（4）将在整定工作位置的快速机构置于油室内，借助安装法兰面上定位销使快速机构正确到位，机构底板紧贴法兰面，用螺栓紧固底板。机构上的传动拐臂插入主轴的轴承座传动槽内（无转换选择器的有载开关除外）。机构上槽轮与轴承座三凸台正确连接，轴承座凸台上的弹性定位销插入槽轮的孔上，如图 Z42E1005-11 所示。

（5）连接抽油弯管，不得漏装抽油弯管中间密封垫，抽油弯管与槽轮应有充分的间隙。

（6）安装拉伸弹簧固定销，弹簧销应固定牢靠。

（7）借助装卸扳手，转动两个位置，然后返回原来位置。

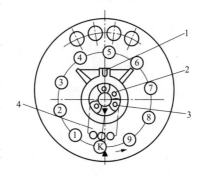

图 Z42E1005-11　定位销的位置
1—传动槽；2—定位销；3—凸台；4—传动拐臂

（8）将合格绝缘油注入有载开关油室内，直至快速机构底板为止，安放好"O"形密封圈，然后盖上有载开关头盖，用 20 只 M10 螺栓紧固。

6. 芯体测试

芯体测试项目及质量标准见表 Z42E1005-8。

表 Z42E1005-8　　　　　　　　芯体测试项目及质量标准

序号	测试项目	工序及工艺	要求及质量标准	备　注
1	测量过渡电阻阻值	用电桥，分别测量	与铭牌值比较偏差不大于 ±10%	必测项目。V 型有载开关只有在芯体吊出后测量

续表

序号	测试项目	工序及工艺	要求及质量标准	备　注
2	回路接触电阻阻值测量	用电桥或压降法，分别测量主触头与中性点出线间的回路电阻	每对触头接触电阻不大于350μΩ	必要时测量。V 型有载开关只在芯体装复后才能测量
3	变换程序	用直流示波器，测量触头的变换程序	符合厂家要求。变换时间为45～65ms，过渡触头桥接时间无断开现象	必要时测量。V 型有载开关只在芯体装复后才能测量
4	对油室进行密封检查	采用静压检漏法	油室各部位均应无渗漏油，符合产品技术要求	必测项目。利用变压器本体及其储油柜的绝缘油对油室的压差，检查油室是否渗漏油
5	工频耐压试验	在有载开关带电部位对地、相间、分接间、相邻触头间进行	符合产品技术要求	必要时测量
6	绝缘油试验	击穿电压测定，微水含量测定	符合产品技术要求和标准规定	必测项目

7. 附件安装

（1）安装头盖至储油柜之间的管路及气体继电器。检查密封面，放好密封圈，紧固螺栓，要求密封良好、螺栓紧固。

（2）接好油流控制继电器或气体继电器的二次线，投运前进行传动试验。

（3）安装进、出油管路。检查密封面，放好密封圈，紧固螺栓；检查、清洗储油柜，清洗干净，密封良好无渗漏；检查压力释放装置及溢油放气孔密封良好，螺栓紧固。

（4）检查头盖上的齿轮盒与传动齿轮盒密封良好，并更换润滑脂，要求无渗漏，无不正常磨损。

8. 注油和连接传动轴

（1）注油。

1）检查有载开关与其储油柜之间阀门是否在开启状态，通过储油柜注油孔补充合格绝缘油，拧松头盖上溢油螺孔的螺栓和抽油弯管上溢油螺孔的螺栓，直至油溢出后拧紧。

2）继续通过储油柜补充至规定油位，规定油位线与环境温度有关，一般要比变压器储油柜油位低 100～150mm。

（2）连接传动轴。

1）检查有载开关与电动机构的位置一致（在整定工作位置）。

2）连接头部齿轮传动装置与圆锥齿轮盒之间的水平传动轴，连接圆锥齿轮盒与电动操动机构之间的垂直传动轴。连接两端应自然对准并留有轴向间隙，轴向间隙为3mm。紧固螺栓，锁定水平轴锁定片。

七、组合式有载分接开关

（一）概述

组合式有载分接开关以德国 MR 公司的 M 型有载开关为代表，国内制造厂的 M 型有载开关，结构和工作原理、技术性能基本与 MR 公司产品一致，但型号编码不同，见表 Z42E1005-9。

表 Z42E1005-9　　　　　M 型有载开关各制造厂家的型号编码

生产厂	M 型有载开关 型号编码	生产厂	M 型有载开关 型号编码
贵州长征电气股份有限公司	M（ZY1A）型	吴江远洋电气有限责任公司	C1 型
上海华明电力设备制造有限公司	CM 型	西安鹏远开关有限责任公司	Z 型

M 型系列有载开关适用于额定电压 35～500kV，最大额定通过电流为三相 300、500、600A，单相 300、500、600、800、1200、1500A，频率为 50（60）Hz 的变压器。其中，三相有载开关可用于星形连接中性点调压，单相有载开关可用于任意连接调压方式。

按照分接选择器内部绝缘水平（距离），分为 A、B、C、D、DE 五种，依据所配变压器的额定电压和有载开关的安装部位，一般 35～63kV 选 A 型，63～110kV 选 B 型或 C 型，220kV 及以上选 C 型、D 型或 DE 型。

（二）M 型有载开关整体结构

M 型有载开关由切换开关、转换选择器、电动机构等主要部件构成，如图 Z42E1005-12、图 Z42E1005-13 所示。

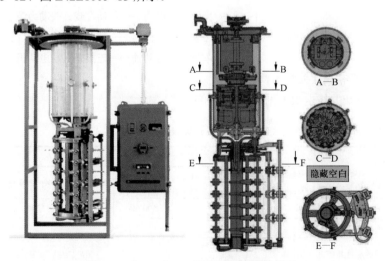

图 Z42E1005-12　M 型有载开关整体结构

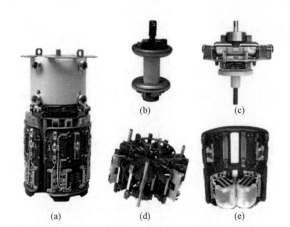

图 Z42E1005-13 M 型有载开关部件结构
（a）切换开关；（b）绝缘转轴；（c）快速机构；（d）触头切换结构；（e）过渡电阻

M 型有载开关组成部件如下：

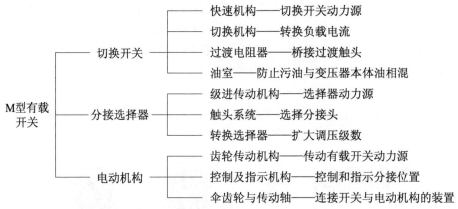

（三）M 型有载开关技术数据

M 型有载开关技术数据见表 Z42E1005-10。

表 Z42E1005-10　　　　　　M 型有载开关技术数据

序号	分类特征	类　型						
		M Ⅲ 300	M Ⅲ 500	M Ⅲ 600	M Ⅰ 501/601	M Ⅰ 800	MI 1200	M Ⅰ 1500
1	最大额定通过电流（A）	300	500	600	500/600	800	1200	1500
2	额定频率（Hz）	50、60						
3	相数和连接方式	3 相，星形接中性点连接方式			单相，任意连接方式			

续表

序号	分类特征		类　型						
			M Ⅲ 300	M Ⅲ 500	M Ⅲ 600	M Ⅰ 501/601	M Ⅰ 800	MI 1200	M Ⅰ 1500
4	最大额定级电压（V）		3300						
5	额定级容量（kVA）		1000	1400	1500	1400	2000	3100	3500
6	承受短路能力（kA）	热稳定(3s, 有效值)	6.0	8.0	8.0	8.0	16	24	24
		动稳定（峰值）	15	20	20	20	40	60	60
7	工作位置数		不带转换选择器最大 17 个，带转换选择器最大 35 个，多级粗细调最大 106 个						
8	分接开关绝缘水平	额定电压(kV)	35	60		110	150		220
		设备最高工作电压（kV）	40.5	72.5		126	170		252
		工频耐压（50Hz、1min、kV）	85	140		230	325		460
		冲击耐压（1.2/50μs, kV）	200	350		550	750		1050
9	分接选择器		按绝缘水平分为 5 种尺寸，编号 A、B、C、D、DE						
10	机械寿命		≥80 万次（C1 型不小于 50 万次）						
11	电气寿命		额定级容量下不小于 20 万次（C1 型不小于 5 万次）						
12	切换开关油室	工作压力	30kPa 及真空						
		密封性能	60kPa 油压 24h 密封试验无渗漏						
		超压保护	爆破盖 300×（1±20%）kPa［M（ZY1A）型 400～500kPa，C1 型不小于 200kPa］						
		保护继电器	QJ4-25 整定冲击油速 1.0×（1±10%）m/s						
13	排油量（L）		星形连接 190～270，三角形连接 600～650						
14	充油量（L）		星形连接 125～190，三角形连接约 350						
15	质量（kg）		星形连接 240～305，三角形连接约 600						
16	配用电动机构		CMA7、SHM-Ⅰ、MA7、MA7B、MAE、DQB2、DCY3、DCJM1、ED						

注　1. 对于三相有载开关触头并联而成单相有载开关，选用时最佳考虑变压器绕组强制分流。M Ⅰ 800 两路分流，M Ⅰ 1200、M Ⅰ 1500 三路分流。

　　2. ED 型机构为德国 MR 公司替代 MA7 新型电动机构。

（四）M 型有载调压开关的整体拆装

1. 箱顶式 M 型有载开关整体拆装

配置箱顶式 M 型有载开关的钟罩式变压器，吊罩时需要将箱顶式 M 型有载开关整体拆卸，其拆装方式如下。

（1）将有载开关调至整定工作位置，排尽变压器本体和有载开关绝缘油。

（2）打开人孔洞，进入油箱内部。

（3）拆除分接引线、中性点引线，检查有载开关与变压器芯体确已完全分离。

（4）变压器吊罩，连同有载开关（包括电动操动机构）一起吊离。

（5）安装时按拆卸的逆顺序进行，注意核对分接引线标记，确保接线正确；检查引线松紧程度，分接选择器不得受力变形；动静触头啮合正确；从人孔处检查分接选择器的闭合位置与电动机构工作位置一致；对带正、反调的转换选择器，检查连接"K"端的分接引线与转换选择器的动触头支架（绝缘杆）在"+""=—"位置上的间隙不小于10mm；检查引线绝缘良好，螺栓紧固。

2. 钟罩式 M 有载开关整体拆装

配置钟罩式 M 型有载开关的钟罩式变压器，吊罩时需要将钟罩式 M 型有载开关整体拆卸，其拆装方式如下。

（1）将有载开关从 n→1 方向调至整定工作位置；排放完变压器本体及有载开关绝缘油，拆除头部附件及头盖。

（2）拆卸分接位置指示盘上固定挡卡，然后向上拔出指示盘，注意保存好固定轴上的定位销；卸下头部法兰上非红色区域内的 5 只 M8 螺母。

（3）利用专用吊板（见图 Z42E1005-14）吊紧切换开关油室，如图 Z42E1005-15 所示，拧下中间法兰与头部法兰之间 17 只 M8 螺母，缓慢地放下吊板。当油室头部法

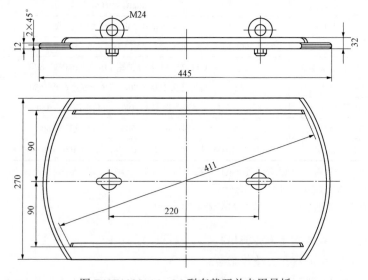

图 Z42E1005-14　M 型有载开关专用吊板

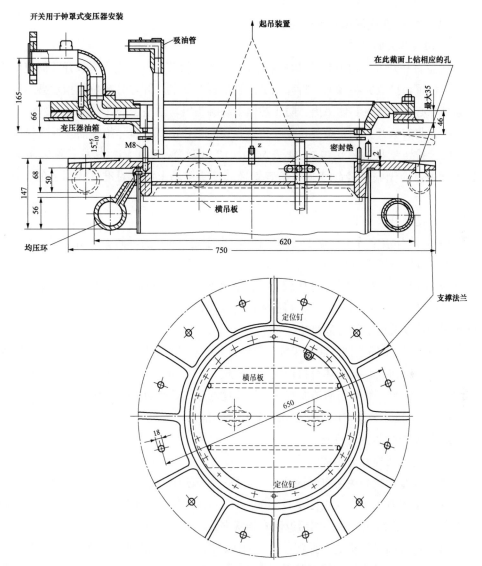

图 Z42E1005-15　M 型钟罩式有载开关拆装图

兰与中间法兰之间脱开间隙至 15～20mm 时，检查变压器器身上的有载开关预装支架的高度，调整至上述间隙尺寸，然而取掉吊板。

（4）卸除固定在变压器钟罩上的有载开关头部法兰的 24 只 M12 固定螺栓，此时有载开关与变压器钟罩已经脱离，具备变压器钟罩的吊罩条件。

（5）安装时按相反顺序进行。变压器盖罩之前进行一次全面检查。

（五）M 型有载调压开关的安装

1. 切换开关的吊芯

M 型有载开关的切换开关芯体为抽屉式结构。吊芯时，首先将有载开关调整至整定工作位置，排放完绝缘油，拆除头部附件，拆开头盖，卸除分接位置指示盘，调整好起吊中心，缓慢将芯体吊出。防止芯体上动触头组与油室上的任何部位碰撞。

（1）将有载开关调整至整定工作位置，切断操作电源，排尽绝缘油，拆除附件。

（2）拧下切换油室头盖的 24 只 M10（17 号套筒扳手）连接螺栓，卸除头盖；目测爆破盖应无向外隆起变形；检查切换芯子头部轴上的键对准支撑板上的"△"标记。

（3）切换开关吊芯。

1）卸除分接位置指示盘上的固定挡卡，取下定位销，然后向上取出分接位置指示盘，保存好固定轴上定位销。

2）拆除切换开关本体支撑板上 5 只 M8×20（13 号套筒扳手）螺母（钟罩式）或 5 只 M8×20 螺栓（箱顶式），不得拆除红色区域内的固定螺母。注意保存好卸下的螺栓和螺母以及碗形垫圈与弹簧垫。

3）在专用吊环上挂好起重吊绳，调整吊绳中心及垂直度；微量起吊，使吊绳刚受力后再次检查切换开关芯体可自由晃动；缓慢、平稳吊起切换开关芯体，安放在平整清洁的工作区域，然后用清洁布包好；防止碰坏吸油管和位置指示传动轴。

4）将切换开关油室用挡板盖上，防止异物落入。

2. 切换开关芯体的检查

（1）清洗切换开关芯体。

（2）检查切换开关所有紧固件，尤其是三块弧形板上的紧固件应无松动。

（3）使用专用工具（见图 Z42E1005-16），将切换开关来回动作 2 次，检查储能机构工作状态正常无卡滞，然后返回起始状态。

（4）检查储能机构的主弹簧、复位弹簧、爪卡，无变形和无断裂。

（5）检查各触头编织线完整无损。

（6）检查过渡电阻，完整无损，无过热痕迹。

（7）解体前测量过渡电阻阻值，其阻值与铭牌值比较偏差不大于±10%。

（8）测量每相单、双数与中性引出点间的回路电阻，每对触头接触电阻不大于 350μΩ。

3. 切换开关芯体测试

在切换开关芯体装复前，应进行以下测试项目：

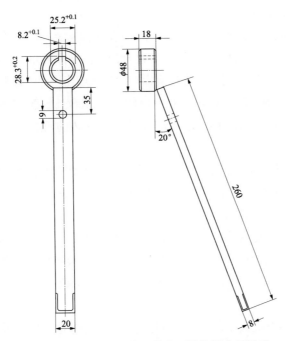

图 Z42E1005–16　切换开关芯子操作用专用扳手

（1）分别测量单、双侧过渡电阻阻值，阻值与铭牌值比较偏差不大于±10%。

（2）必要时使用测压计测量触头的接触压力与超程。主通触头超程为 2~3mm，压力应符合表 Z42E1005–11 的规定。

表 Z42E1005–11　　　　触 头 的 接 触 压 力

触头名称	主触头	弧触头	中性点引出触头	连接触头
接触压力（N）	80~100	140~170	80~100	80~100

（3）必要时用直流示波器，测量触头的变换程序，变换时间为 35~50ms，过渡触头桥接时间为 2~7ms。

（4）用电桥或压降法，分别测量单、双侧与中性点出线间的回路电阻，每对触头接触电阻不大于 350μΩ。

4. 切换开关芯体及油室的清洗

用合格绝缘油反复冲洗切换开关芯体、油室及抽油管，再用刷子洗刷，用无绒干净白布擦净，要求清洗干净。复装抽油管时防止损坏抽油管弯头上的 2 只密封圈。

5. 切换开关芯体装复

（1）移开有载开关头盖，将切换开关芯体吊至油室上方，肉眼观测中心线重合，转动芯体使芯体支撑板抽油管切口位置对准抽油管，支撑板外沿上的"△"对准头部法兰内侧壁上的"△"，同时观察连接套筒与油箱底部连接件位置是否一致。

（2）缓慢小心地下落至油室口时，检查中心线重合且垂直，轻轻转动切换开关芯体，使其切换芯子的支撑板上的定位孔对准头部法兰内的两定位销，缓慢小心地下落到底。

（3）套上蝶形垫圈及弹簧夹，并用 5 只 M8×20 螺杆（箱顶式）或 5 只 M8 螺母（钟罩式）将切换开关芯体固定，最大紧固力矩为 14N·m。

（4）安装好分接位置指示盘，装入定位销。

（5）注入合格的绝缘油，至切换开关支撑板为止。

（6）擦净头盖密封面，装好密封垫圈（必要时更换密封圈），将头盖齿轮装置的输出轴对准支撑板上的联轴器，头盖外沿上的"△"标记对准头部法兰相对安装螺孔处的"△"标记。

（7）盖好有载开关头盖，检查有载开关与电动机构的位置是否一致，安装油室头盖上 24 只 M10 螺栓及垫圈，最大紧固力矩为 34N·m，拧紧螺栓，防止渗漏。

6. 分接选择器及转换选择器的检查

（1）检查分接选择器及转换选择器的闭合位置应完全一致，并与电动机构工作位置一致。

（2）检查分接选择器及转换选择器的动、静触头，应无烧伤痕迹与变形。

（3）检查有载开关的连接导线是否正确完好，绝缘杆有无损伤及变形，紧固件是否紧固可靠，连接导线的松紧程度是否使分接选择器及转换选择器受力变形。

（4）对带正、反调的转换选择器，检查连接"K"端的分接引线与转换选择器的动触头支架（绝缘杆）在"+"和"μΩ"位置上的间隙，应不小于 10mm。

（5）检查分接选择器与切换开关的 6 根连接导线，要求紧固件紧固，导线完好，与油箱底部法兰应有 10mm 的间隙。

（6）检查其他紧固件和传动机构是否紧固并完好。

（7）检查传动机构应完好无损。

（8）手摇操作有载开关，逐挡检查 1→n 和 n→1 方向分接选择器及转换选择器的动静触头分、合动作和啮合情况，要求动静触头分、合慢动作平滑、渐进无卡滞，啮合良好，如图 Z42E1005-17 所示。

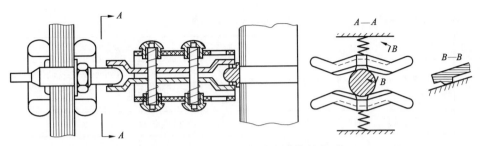

图 Z42E1005-17　触钉式四点接触方式

（9）检查油室底部放油螺栓是否紧固。

7. 分接选择器及转换选择器的测试

（1）必要时使用测压计测量触头的接触压力，应符合表 Z42E1005-12 的规定。

表 Z42E1005-12　　　分接选择器及转换选择器的接触压力

触头名称	分接选择器	转换选择器
接触压力（N）	60～80	80～100

（2）必要时用电桥或压降法分别测量分接选择器及转换选择器每对触头的接触电阻，每对触头接触电阻不大于 350μΩ。

8. 附件安装

（1）安装头盖至储油柜之间的管路及气体继电器，接好油流控制继电器或气体继电器的二次线，投运前进行传动试验。

（2）安装进、出油管路。检查、清洗储油柜，检查压力释放装置及溢油放气孔密封是否良好，检查头盖上的齿轮盒与传动齿轮盒密封是否良好，并更换润滑脂，要求无渗漏、无不正常磨损。

9. 注油和连接传动轴及调试

（1）注油。检查有载开关油室与其储油柜之间阀门是否在开启，通过储油柜注油孔补充合格绝缘油至规定油位，一般要比变压器储油柜油位低 100～150mm。

（2）连接传动轴。检查有载开关与电动机构的位置一致（在整定工作位置）。连接头部齿轮传动装置与伞状齿轮盒之间的水平传动轴，连接两端应自然对准并留有轴向间隙，连接伞状齿轮盒与电动操动机构之间的垂直传动轴，轴向间隙为 3mm。紧固螺栓，锁定锁定片。

（3）调整与测试，详见表 Z42E1005-13。

表 Z42E1005-13　　　　　　有载开关调整与测试项目

序号	调整与测试项目	质量标准
1	手摇操作，用听觉及指示灯法测试有载开关的动作顺序	分接选择器、转换选择器和切换开关触头动作顺序应符合要求，选择器合上至切换开关动作之间至少有2圈的间隙
2	采用静压试漏法对油室进行密封检漏	油室各部位均无渗漏油
3	必要时对有载开关带电部位对地、相间、分接间、相邻触头间的绝缘进行油中工频耐压试验	应符合产品技术要求
4	分接选择器、转换选择器和切换开关整定位置的检查	符合产品整定位置表中的规定
5	有载开关不带电进行10个循环分接变换操作	动作正常
6	油流控制继电器或气体继电器的动作校验	符合技术指标
7	油室内绝缘油的击穿电压与含水量的测定	应符合要求
8	有载开关逐级控制分接变换操作	按下启动按钮，直至电动机停止，可靠地完成一个分接位置的变换

【思考与练习】

1. 变压器吊罩时，箱顶式有载开关和钟罩式有载开关安装工艺有哪些不同？
2. 简述V型有载开关吊芯的工艺过程。
3. V型有载开关检查都有哪些测试项目？都有哪些具体规定？
4. 简述M型切换开关吊芯的工艺过程。

▲ 模块6　变压器（电抗器）其他组部件安装及工艺要求（Z42E1006）

【模块描述】本模块包含油浸式变压器（电抗器）套管、冷却装置、储油柜、温度表、气体继电器、油位表、连接油管等组部件（附件）安装及工艺要求；通过讲解和实训，达到能正确安装变压器、电抗器各类组部件。

【模块内容】油浸式变压器（电抗器）其他组部件安装又称油浸式变压器（电抗器）附件安装，包括套管、冷却装置、储油柜、温度表、气体继电器、油位表、连接油管等安装。

一、危险点分析与控制措施

油浸式变压器（电抗器）附件安装危险点分析与控制措施见表Z42E1006-1。

表 Z42E1006-1   危险点分析与控制措施表

序号	危险点	控制措施
1	起重伤害、高处坠落	（1）在安装升高座、套管、储油柜及顶部油管等时，必须牢固系好安全带，工具等用布带系好。 （2）变压器顶部的油污应预先清理干净。 （3）吊车应设专人指挥

二、组装前的准备工作

1. 套管检查及试验

（1）用白布擦净瓷件及导电管内壁，检查套管瓷釉应无脱落、伤痕、裂纹现象，均压球内无积水。

（2）升高座外观应无变形、渗油，二次绕组小套管不破损，且固定牢固，二次端子绝缘良好，TA 固定件无移位、跌落。

（3）升高座 TA 线圈露空时间与本体相同，试验后及时注满变压器油。油浸式变压器（电抗器）套管检查试验施工图 Z42E1006-1。

图 Z42E1006-1 油浸式变压器（电抗器）套管检查试验施工图

2. 储油柜、胶囊检查及试验

安装前打开观察孔，检查胶囊上有无损伤；检查后卸下法兰的盖板放掉气体，检查浮子及连杆上有无损伤；进行胶囊检漏试验，检漏充气压力和时间按制造厂家规定，当厂家无规定时可向胶囊内充以至 0.02～0.03MPa 干燥氮气，并维持 30min 应无漏气，充气时应缓慢进行。

3. 清洗管道及其他附件

（1）组装前应彻底清理冷却装置（散热器），储油柜，压力释放装置（安全气道），油管，升高座，套管及所有组、部件，并用合格的变压器冲洗与油直接接触的组、部件。清洗后的管道应及时封盖，不允许灰尘及异物再进入管道内部。

（2）其他附件安装前应检查、清洁、试验，并加以妥善保管。

4. 冷却装置检查及试压检漏

（1）安装前打开散热器两头封板时有气体从冷却装置内跑出，说明散热器密封良好，现场不需另外充气检漏。否则，按《电气装置安装工程 电力变压器、油浸电抗器、互感器施工及验收规范》（GB 50148）规定，散热器在安装前应按制造厂规定的压力值进行 30min 密封试验。

（2）检查风扇、油泵电机绕组及控制回路的绝缘，其绝缘电阻应符合规程要求。风扇电机和叶片应安装牢固，转动灵活无卡阻。叶片方向正确，无扭曲、碰壳现象。

（3）取下散热器的进出口法兰端盖，用合格的变压器油经滤油机对散热器管道进行循环冲洗，并将残油排尽。恢复散热器的进出口法兰端盖并密封好，以免潮气及异物侵入。

5. 分接开关检查

（1）在装套管前必须检查分接开关连杆是否已插入分接开关的拨叉内，调整至所需的分接位置上。

（2）有载分接开关与本体应安装连通管，以便与本体等压。

6. 气体继电器、温度表校验

（1）变压器轻、重气体继电器保护按照设备管理单位正式定值单整定。

（2）气体继电器、温度表检验合格后，于本体安装前送回现场。

（3）温度表座内应注入适量变压器油。

三、套管的安装

变压器套管安装应结合变压器器身检查进行，作业环境要求参照器身检查作业环境要求。

1. 套管升高座安装

套管安装前应先安装升高座。500～1000kV 套管升高座的绝缘纸筒是由几个不同直径的、彼此相套的酚醛纸筒组成，纸筒下部有用以穿过绕组引线的缺口，如图 Z42E1006-2 所示。固定纸筒时，必须注意纸筒缺口相对绕组的位置正确，不使有碍引出线或划破引线绝缘。吊绳倾斜时，必须使升高座放气塞的位置在最高点。为了便于套管安装，电流互感器和升高座的中心线应一致。下放绝缘纸筒时必须特别小心，不允许碰上硬质东西损坏纸筒。升高座装到并固定在油箱上之后，应把绕组的软引线拉出，固定在法兰上。

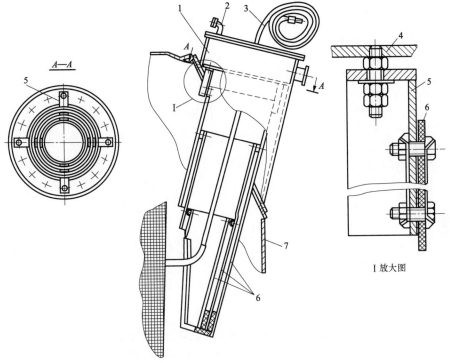

图 Z42E1006-2　500～1000kV 升高座装入式电流互感器的安装

1—升高座；2—管接头；3—绕组引线；4—升高座里的法兰；5—角钢；6—酚醛纸筒；7—变压器油箱

2. 套管安装

（1）40kV 及以下套管安装。40kV 及以下套管主要有导杆式、穿缆式两种结构。穿缆式套管在变压器制造时，导杆已直接焊到绕组的软引线上。这两种套管的固定和密封方法类似。安装套管时应注意，电气接触可靠，套管和导电杆密封要严密，软连接线在变压器里的分布位置要正确。套管软连接线之间、套管各相与其他接地部分和导电部分之间的绝缘距离，通常不应小于 50mm（连接线每边包绝缘厚 3mm 时）。

（2）63kV 及以上套管安装。63kV 及以上引线的引出，采用全密封式或不全密封式的高压充油套管以及胶纸绝缘的高压套管。这些套管体积大、质量重。安装前，将经试验和检查过的套管放在专用支架上，以便利用现成的汽车吊械进行套管安装。套管的起吊、安装如图 Z42E1006-3 所示。

吊起时，检查均压罩应完整，其绝缘覆盖层应没有损伤。倾斜时，应注意套管支撑法兰上的管接头和塞子在最高位置；非密封式结构的套管，应注意套管上油位表的玻璃应处在与倾斜面垂直的平面上。

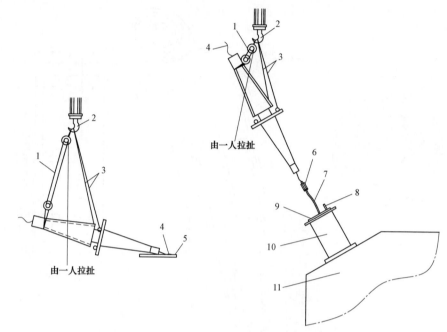

图 Z42E1006–3　63kV 以上套管的起吊安装图

1—葫芦；2—主钩；3—吊绳；4—引线；5—橡皮板；6—吊螺钉与导电头；
7—出线电缆；8—定位棒；9—密封垫；10—升高座；11—油箱

　　套管装入油箱时，通过观察窗观察套管的位置和引线的拉紧状况，以及引线在均压罩里和套管中心管里的位置。如果升高座内部有酚醛纸筒结构，套管均压罩应在酚醛纸筒的轴线上，仔细检查均压罩与变压器绝缘之间的距离以及均压罩与纸筒之间的距离，都应符合各种电压等级规定的绝缘距离尺寸等技术要求。

　　安装非穿缆式结构的 500kV 套管时，均压罩的安装和绕组引线的连接都是在油箱里面进行的，如图 Z42E1006–4 所示。

　　绕组的绝缘引线焊上一个接触片，接触片连接在套管的接触螺杆上。套管均压罩上有两个孔：侧面的孔用于通过绕组的引线，下面的孔用于固定套管。为了减轻在油箱里操作的工作量，建议在安装套管之前对均压罩和电缆接头紧固件进行试装配。套管顶部结构的密封至关重要，由于顶部结构密封不良而导致水分沿引线渗入变压器绕组造成烧坏事故者不少。

　　500kV 变压器高压套管与引出线的接口采用密封波纹盘结构（即魏德迈结构），此种结构安装时较复杂，故应严格按制造厂的规定进行。

　　现在一些电容芯套管为了试验方便将末屏引出。末屏应良好接地。

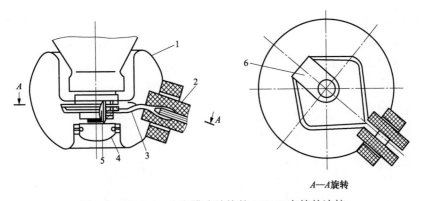

图 Z42E1006-4　非穿缆式结构的 500kV 套管的连接

1—均压罩；2—引线的绝缘部分；3—引线的软质部分；4—盖；5—套管的接触螺杆；6—引线的接触片

（3）封闭母线接线变压器用的 110kV 以上电压等级套管的安装。封闭母线与变压器的连接常采用竖直、倾斜和水平三种安装方式的充油式套管，一些新结构的变压器主要采用竖直和倾斜两种方式。安装与相应电压等级的一般套管相同。

安装后，变压器套管在密封外罩里，高压电缆套管也是安装固定在这个外罩里，电缆套管和变压器套管的载流导杆用连接线连接起来。密封外罩安装在变压器的油箱上。在安装外罩及注油时，必须遵守电缆套管的安装要求。

3. 以 500kV 变压器为例介绍高压套管安装

（1）变压器高压套管单吊机（链条葫芦调节法）安装。

1）高压套管应在放置在专用的套管支架内，支架应固定良好，注意不要碰坏瓷套，所有卸下的零部件应妥善保管，组装前应用软布擦去表面尘土和油污，套管中心管内部及均压球内外表面的尘土、水滴或其他异物用干净的白布擦净，再将均压球装好，套管油中部分的清洁程度应由厂方检查认可。

2）套管由水平位置起吊时，按图 Z42E1006-5 所示方法进行。

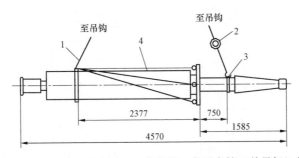

图 Z42E1006-5　油浸式变压器（电抗器）高压套管（单吊机）吊装图

1—4 根吊绳；2—链条葫芦；3—尼龙绳套；4—用尼龙绳将 4 根吊绳绑牢

3）起吊过程中应避免使套管受到大的冲击，水平起吊使套管距地面高度 2500mm 时，手动操作起链条葫芦，使套管处于垂直状态，然后按图 Z42E1006-6（a）所示调整起吊方式和角度。安装有倾斜角度的套管，注意法兰斜面上密封圈的正确放置，防止密封圈走位。

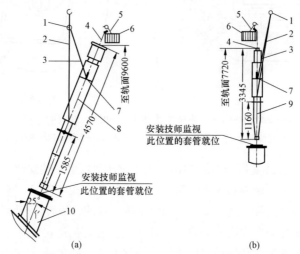

图 Z42E1006-6　油浸式变压器（电抗器）高压套管安装图
（a）高压套管安装图；（b）高压中性点套管安装图
1—链条葫芦；2—主吊绳；3—调节绳；4—尼龙绳；5—操作者；6—空中操作架；7—引线电缆头；
8—高压套管；9—高压中性点套管；10—套管式电流互感器

4）高压套管起吊到安装高度后，将一端连油 M12 螺栓的尼龙绳穿入套管的中心管内，螺栓拧入引线头上的 M12 螺孔中，将引线上拉穿入套管的中心管内，拉力为 350±20N。套管慢慢下落（≤0.3m/min），通过观察窗严密监视套管的就位情况。变压器引线的根部不得受拉、扭曲及弯曲。

5）套管就位后，套管尾部与引线的位置关系如图 Z42E1006-7（a）所示。

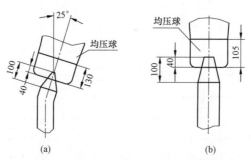

图 Z42E1006-7　油浸式变压器（电抗器）高压套管引线装配图
（a）高压套管引线装配图；（b）高压中性点套管引线装配图

6）将套管法兰与电流互感器上部法兰用螺栓紧固，并注意使套管油表向外。

7）安装高压套管时，索引引线拉力不宜过大，防止损坏引线腰部绝缘，电缆不允许有拧劲、打圈等现象，引线绝缘锥度部分应按图纸要求进入套管均匀球中，如图 Z42E1006-8 所示。

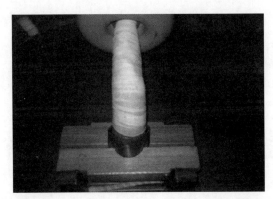

图 Z42E1006-8　油浸式变压器（电抗器）高压套管引线绝缘锥度部分装配图

8）对高压引线安装完毕后，安装孔覆盖前，应做最后检查，以确保引线连接正确、牢固，对地距离满足要求。

9）厂方技术人员对整个套管的安装质量进行认真检查指导，确认无误后方可进行下一步的安装工作。

（2）变压器高压套管双吊机（抬吊法）安装。

1）此方法用于大型套管的吊装，采用两台吊机同时水平起吊，见图 Z42E1006-9（a）。

2）待水平起吊至离地面足够距离后，头部吊机起钩，尾部吊机下钩，见图 Z42E1006-9（b）。

3）待套管竖直后，拆下尾部吊绳，见图 Z42E1006-9（c）。

4）其他步骤同单台吊机一致。

（3）高压中性点套管的安装。

1）高压中性点套管在就位过程中，保持套管与互感器法兰周边的间隙适当，使套管处于垂直状态，然后按图 Z42E1006-6（b）所示调整起吊方式和角度。

2）套管就位后，均压球与引线之间的位置如图 Z42E1006-7（b）所示。

3）高压中性点套管安装应由厂方技术人员指导并经检查确认无误。

（4）低压套管的安装。低压套管与引线的连接及安装位置参见图 Z42E1006-10。

(a)

(c)

(b)

图 Z42E1006-9 油浸式变压器（电抗器）高压套管（双吊机）吊装图

（a）水平抬吊；（b）上下旋转；（c）垂直树立

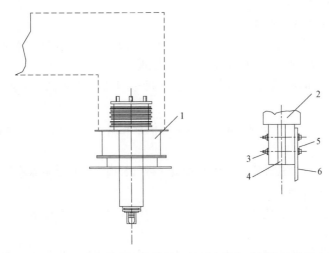

图 Z42E1006-10　油浸式变压器（电抗器）低压套管与引线的连接及安装装配图

1—升高座；2—套管；3—不锈钢螺栓；4—套管接线端子；5—垫圈；6—引线接线端子

4. 套管安装注意事项

（1）穿缆电容型套管及引线安装注意事项。

1）严禁使用棉纱擦拭下瓷套，防止纤维带入器身。

2）检查套管密封，发现密封圈损伤、扭曲、开裂、变形、与密封槽不匹配的必须更换。

3）检查套管瓷套及黏合面，应无裂纹、渗油。

4）升高座安装前，应做 TA 验收试验（变比、绝缘、伏安特性和密封试验），重点检查是否进水，垫块是否松动、TA 二次多股引出线是否断股，焊接或压接是否可靠（引线脱落会引起 TA 二次开路或接地短路）。

5）升高座放气塞应在最高处。

6）引线不应扭曲、断股，应力锥应进入均压球。

（2）导杆式套管及引线安装注意事项。

1）导杆式套管连接后应测量接触电阻，以免注油后，整体接触电阻不合格。

2）分解导电杆底部法兰螺栓时，防止导电杆晃动，损坏瓷套。

3）绝缘筒应洁净无起层、漆膜脱落和放电痕迹，绝缘良好。

4）套管安装螺栓紧固均匀，胶垫压缩不得超过 1/3。

5）防止工具、螺栓、螺母、垫片滑入油箱。

四、储油柜安装

1. 胶囊式储油柜

（1）检查储油柜、连接管内部清洁情况，用干净白布擦拭，必要时用干燥的变压器油冲洗，外表面无机械损伤。

（2）用充气法进行胶囊袋检查试漏。充气压力（0.02～0.025）MPa，冲气后的胶囊袋，应保持舒展状态，保持 30min，无失压现象。

（3）打开储油柜端盖，将已检查完好的胶囊平整地放入储油柜内，将胶囊口安装好。

（4）起吊储油柜，离地 1m 左右安装储油柜支架，按照制造厂装配图纸吊装至安装位置。

（5）安装储油柜注油管道、呼吸管道、排气管道、气体继电器连接管道。

2. 隔膜式储油柜

（1）安装前先检查隔膜是否干净，有无损伤或裂纹，检查合格后装入柜内，拧紧放气塞。

（2）用充气法检查试漏。从气体继电器连管蝶阀充气，充气压力为 0.02MPa，持续 30min 应无漏气现象。

（3）起吊储油柜，离地 1m 左右安装储油柜支架，按照制造厂装配图纸吊装至安装位置。

（4）安装储油柜注油管道、呼吸管道、排气管道、气体继电器连接管道。

3. 金属波纹储油柜

（1）安装前检查波纹储油柜是否处于充压状态，没有充压的波纹储油柜不能安装使用。

（2）从呼吸口向波纹内腔充气，使波纹囊伸展一次，检查波纹伸展是否正常。

（3）起吊储油柜，离地 1m 左右安装储油柜支架，按照制造厂装配图纸吊装至安装位置，应使排气一侧支架略高，以便注油后储油柜内气体排净。

（4）安装储油柜注油管道、呼吸管道、排气管道、气体继电器连接管道。

4. 磁力油位表安装

（1）打开油位表安装盖板，将安装好浮球的连杆放入储油柜胶囊下部。

（2）检查油位表动作是否灵活，有无卡阻现象。

（3）浮球连杆与油位表连接。

（4）检查限位报警装置动作是否正确。

五、保护装置的安装

1. 气体继电器

气体继电器安装前应检验其严密性、绝缘性能并做流速整定，常规整定范围：自然风冷却变压器为 0.8～1.0m/s，强迫油循环风冷却变压器为 1.0～1.3m/s，偏差不大于 0.05m/s；有载调压开关气体继电器流速整定为 1.0m/s 以上。

将校验合格的气体继电器安装在变压器油箱和储油柜之间的油管上，检查气体继电器安装坡度满足 1%～1.5%，盖上的箭头应指向油从变压器油箱向储油柜流动的方向。取出气体继电器芯体，拆除挡板绑扎线，检查干璜触点，检查气体继电器动作是否正常。

2. 压力释放装置

将校验合格的压力释放装置安装在箱盖法兰上，并安装定向排油的导油管。

3. 温度表

温度表安装前必须经校验合格。将温度表探头完全插进并固定在专用管座里，管座内注入 2/3 容积的变压器油。温度表金属细管不许急剧弯曲（弯曲半径不小于75mm），否则会导致金属细管堵塞损坏密封性。

六、冷却装置安装

1. 潜油泵安装

（1）检查潜油泵，绝缘电阻应不低于 0.5MΩ。试转上端口叶轮是否灵活，有无刮壳现象。

（2）连接导油管。将潜油泵的进油侧和散热器导油管相连，出油侧和变压器本体底部导油管相连。

（3）安装潜油泵电缆管，连接潜油泵电机电源线。

2. 散热器安装

（1）同时使用起重机大勾与小勾，在散热器上下吊环各设置一个吊索（大勾吊索在散热器上端），将散热器平稳抬高，距离地面高度大于散热器高度，上升起重机大勾，将散热器缓慢竖立，完全竖立后拆除小勾吊索。

（2）缓慢将散热器移至安装位置。

（3）先安装散热器下部法兰，再平稳安装散热器上部法兰。

（4）检查散热器法兰与蝶阀的配合良好，密封圈无移位，然后紧固螺栓。

3. 风扇安装

（1）安装之前检查风扇电动机和叶片；长时间存放的，应检查电动机轴承润滑油和测量定子绕组的电阻。电动机受潮时要进行干燥。

（2）按照制造厂家装配图纸，将风扇安装到位，连接电源线。

（3）风扇安装后，先用手转动一下，然后试验性地投入电动机，检验风扇的运行情况。风扇出现振动时必须校正叶片平衡。

4. 吊装后检查

（1）冷却装置管道安装后，表面应清洁、完好、无渗油，并涂有流向标志。

（2）油泵密封良好，无渗油或进气现象；转向正确，无异常噪声、振动或过热现象。

（3）风扇转向正确，无异常噪声、振动或过热现象。

七、分接开关安装

参见 Z42E1005 模块相关部分内容。

八、吸湿器安装

（1）安装吸湿器需在注完油后进行，安装前检查玻璃筒是否破损，硅胶是否呈蓝色（国产）或橙色（进口），若变色及时更换。

（2）拆除吸湿罐中的储运密封垫圈，在吸湿器连管的下端安装吸湿器。

（3）在吸湿罐（玻璃筒）中应加满干燥的变色硅胶。

（4）在油封杯内注入清洁的变压器油，油位应浸没挡气圈，使大气经过油后才进入硅胶罐。

九、二次回路电缆安装

连接变压器保护装置和套管 TA 二次电缆，所有二次电缆均应放入电缆槽盒或保护管内，并顺着油箱引到端子箱内。

十、变压器接地

（1）变压器本体油箱应在不同位置分别有两根引向主接地网不同地点的水平接地体。每根接地线的截面应满足设计的要求，油箱接地引线螺栓紧固，接触良好。

（2）110kV（66kV）及以上绕组的中性点接地引下线的截面应满足设计的要求，并有两根分别引向主接地网不同地点的水平接地体。

（3）铁芯接地引出线（包括铁轭有单独引出的接地引线）的规格和与油箱间的绝缘应满足设计的要求，接地引出线可靠接地。引出线的设置位置有利于监测接地电流。

【思考与练习】

1. 套管安装注意事项有哪些要求？

2. 胶囊式储油柜的注意事项有哪些要求？

3. 气体继电器安装有何要求？

▲ 模块 7　变压器（电抗器）真空注油及密封性试验（Z42E1007）

【模块描述】本模块包含油浸式变压器（电抗器）安装真空注油方法及工艺要求；介绍变压器真空注油后的整体性密封试验；通过讲解和实训，达到能正常实施变压器、电抗器真空注油、油位调整、密封性试验。

【**模块内容**】大型油浸式变压器（电抗器）在器身检修或接触空气后，必须进行真空注油。在持续抽真空的情况下，把合格的变压器油通过真空滤油机从注油口注入变压器或电抗器。330kV 及以上的变压器还需要进行热油循环，以进一步除去变压器器身上的水分和气体。

一、危险点分析与控制措施

进行油浸式变压器（电抗器）真空注油及密封性试验时危险点分析与控制措施见表 Z42E1007–1。

表 Z42E1007–1　　　　　　　　危险点分析与控制措施表

序号	作业内容	危险点	控制措施
1	抽真空及真空注油	火灾	（1）在注油过程中，变压器本体应可靠接地，防止产生静电。在油处理区域应装设围栏，严禁烟火，配备消防设备。 （2）注油和补油时，作业人员应打开变压器各处放气塞放气，气塞出油后应及时关闭，并确认通往储油柜管路阀门已经开启。 （3）需要动用明火时，必须办理动火工作票，明火点要远离滤油系统，其最小距离不得小于 10m
2	滤油	机械伤害、火灾	（1）滤油机电源用专用电源电缆，滤油机及油管路系统必须保护接地或保护接零牢固可靠，滤油机外壳接地电阻不得大于 4Ω，金属油管路设多点接地。 （2）滤油机应设专人操作和维护，严格按生产厂提供的操作步骤进行。滤油过程中，操作人员应加强巡视，防止跑油和其他事故发生。 （3）滤油机应远离火源，并应有防火措施

二、工作前准备

1. 方案交底

工作前根据施工方案进行交底，使施工人员了解电源容量及位置、变压器技术参数，明确变压器真空注油设备及相应工器具性能特点，熟知真空注油、热油循环、整体密封试验的工序、注意事项和危险点预控措施。

2. 设备检查

（1）真空泵油位应在正常位置，油中不得有水。

（2）滤油机脱气筒应干净，无水分或杂质。

（3）滤油机滤芯完好、干净无杂质。

（4）滤油机电磁阀动作正确，加热器投切正常。

（5）干燥空气发生器硅胶应无变色，过滤器无肉眼所见粉尘。

（6）干燥空气发生器冷冻机制冷效果好，水杯无积水。

（7）机械电源接线正确，运转正常。

三、操作步骤

1. 管路连接及密封检查

（1）真空管路连接及密封检查。

1）变压器储油柜可抽真空时，抽真空时应打开储油柜本体内部和胶囊呼吸管道间的隔离阀以保持压力平衡（参照该储油柜使用说明书进行），管路连接形式见图Z42E1007-1。

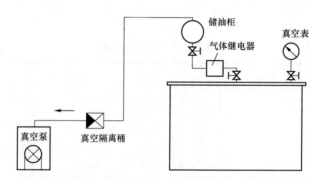

图 Z42E1007-1　带储油柜进行抽真空连接示意图

2）储油柜不具备抽真空条件时，可在油箱顶部蝶阀处或在气体继电器联管法兰处，安装抽真空管路和真空表计，接至抽真空设备，连接图见图 Z42E1007-2。

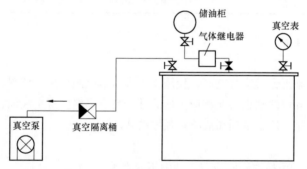

图 Z42E1007-2　不带储油柜进行抽真空连接示意图

3）有载调压变压器抽真空时，应抽出分接开关油室内绝缘油，用连通管将有载开关油室与变压器油箱连通，使有载开关与变压器本体同时抽真空。

4）检查抽真空设备管路不得漏气，注油用管路必须接在油箱底部的注油阀上，通过滤油机接至油罐。抽真空之前，对真空系统进行抽真空自查，如达不到10Pa，应检查管道密封情况和真空泵的状态。

5）为了防止突然失电，真空泵被变压器倒吸，造成真空泵油吸入变压器油箱，应在真空泵与变压器之间应装设回油隔离筒。

6）油箱顶部应安装真空表，真空表和本体间应装真空隔离阀门。

（2）真空注油管路连接。

1）将真空滤油机的进油管接至储油罐。

2）将真空滤油机的出油管接至油箱底部放油阀，出油管不宜太长，15m 左右为宜。

3）变压器储油柜可抽真空时，真空注油管路连接形式见图 Z42E1007-3；变压器储油柜不允许抽真空时，真空注油管路连接形式见图 Z42E1007-4。

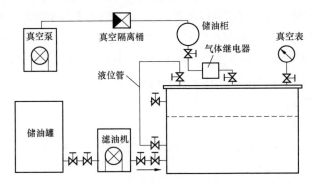

图 Z42E1007-3　带储油柜进行真空注油连接示意图

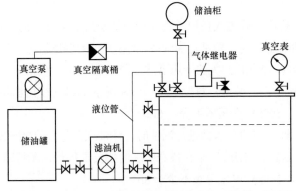

图 Z42E1007-4　不带储油柜进行真空注油连接示意图

2. 变压器真空处理

（1）抽真空前应将不能承受真空的附件如压力释放装置、散热片、储油柜（可抽的除外）进行隔离。

（2）真空泵开启 1h 左右，停止真空泵，检查变压器本体安装密封情况，方法一是耳朵靠近箱体听是否有吸气声响，方法二是用纸条在连接部位检查是否有向内吸的情况。

（3）外部检查正常，测量系统泄漏率，220kV 及以上的变压器油箱内真空度达到 200Pa 以下时，应关闭真空机组出口阀门，测量时间应为 30min，泄漏率应符合产品技术文件的要求，泄漏率大于 10%应查找渗漏点。

（4）密封检查合格，继续抽真空，变压器的极限真空制造厂家有规定时，按制造厂家要求执行，如无按如下规定执行：220～500kV 变压器真空度不应大于 133Pa，750～1000kV 变压器的真空度不应大于 13Pa。抽真空时，应监视并记录油箱的变形情况（一般不应超过油箱壁厚两倍），发现异常应立即停止抽真空。

（5）当变压器的真空度达到规定要求后，关闭真空泵和变压器本体间的阀门进行真空保持，抽真空保持时间制造厂家有特殊要求按要求执行，无特殊要求则 220～330kV 变压器保持时间不少于 8h，500kV 变压器保持时间不少于 24h，750～1000kV 变压器保持时间不少于 48h 或累计不少于 60h。

3. 变压器真空注油

（1）真空注油。

1）在真空状态下注入合格的变压器油，油温控制在 50～60℃，注油速度应小于 6000L/h，注油时应继续抽真空。

2）注油开始时，施工人员应仔细检查油管，发现大量气泡应立即停止注油，并检查油管密封情况。

3）注油全过程中，施工人员应检查油管道的密封情况及其他异常现象。

4）储油柜抽真空的变压器进行注油时，无载开关的变压器可一次将油注到储油柜离底部 1/3 刻度处；带有载开关的变压器注油至箱盖 100～200mm 时停止注油，保持真空维持时间可按原出厂技术资料要求，一般情况下 110kV 变压器不少于 4h，220kV 变压器不少于 4h，500kV 变压器不少于 8h。

5）储油柜不抽真空的变压器进行注油时，注油至离箱顶 100～200mm 时停止注油，保持真空，保持时间制造厂家有特殊要求的按要求执行，无特殊要求则 220kV 电压等级不少于 4h，500kV 电压等级不少于 8h。

（2）有载分接开关注油。

1）本体储油柜允许抽真空的变压器，分接开关与本体一起进行真空注油。

2）本体储油柜不允许抽真空的变压器，本体注油结束，满足真空保持时间后，开始进行变压器破真空，首先关闭真空泵本体侧阀门，拆除真空泵连接管，接上破真空干燥箱，缓慢打开抽真空阀门进行破真空。真空完全解除后，打开气体继电器两侧蝶阀，拆除有载开关与本体间的连通管。安装分接开关进出油连接管道，从进油管注入合格的变压器油。

（3）补充油。

1）变压器真空注油结束后进行补油，补充油应用储油柜注油管注入，严禁从下部注油阀注入，注油油流应缓慢注入变压器储油柜放气塞油溢出为止，旋紧放气塞。

2）安装吸湿器连管和吸湿器，打开散热器、净油器等附件的放气塞，缓慢打开下部蝶阀，待放气塞油溢出后，旋紧放气塞。

3）放气塞逐个进行放气，油溢出后即旋紧放气塞。

4）调整油位至相应环境温度的位置。

（4）热油循环。

1）将真空滤油机进油管接至变压器下部放油阀，出油管接至放油阀对侧变压器顶部蝶阀。

2）热油循环时滤油机出口油温控制在 65±5℃ 范围内。热油循环不应少于 3×变压器总油重/通过滤油机每小时的油量。热油循环持续时间不少于 48h。

3）热油循环全过程中，应认真做好记录和交接班手续，每半个小时记录 1 次，写清楚发现的问题及处理措施等。

4. 变压器排气

（1）胶囊式储油柜充油排气。注油至储油柜顶部放油塞溢出，旋紧放油塞同时关闭滤油机。从变压器储油柜注油管排油，空气经吸湿器自然进入储油柜胶囊内部。

（2）胶囊式储油柜充气排气。加油至油位表指示规定油位，用干燥空气或氮气通过吸湿器连接法兰进行缓慢充气，充气压力控制在 0.025～0.03MPa，直至放气管或放油塞出油，再关闭注油管和放油塞，解除干燥空气或氮气与吸湿器的连接。

（3）隔膜式储油柜排气。将磁力油位表调整至零位，打开隔膜上排气孔，用手不断将隔膜内的空气从排气孔排出，排尽隔膜内的空气后关闭排气孔。向隔膜内注油至油位稍高位置，再次打开排气孔充分排除隔膜内的气体。发现储油柜下部集气盒油标指示有空气时，打开集气盒上部排气阀排气。

（4）金属波纹储油柜排气。打开排气孔，从呼吸孔处向波纹囊中充气，将储油柜上部气体顶并稳定出油，然后关闭排气孔，同时停止充气。向储油柜内注油至油位稍高位置，再次打开排气孔充分排除储油柜内的气体。

5. 全密封试验及静置

（1）储油柜不进行此项试验的变压器，试验前应关闭储油柜与气体继电器间的阀门，在油箱顶部施加 0.03MPa 压力，维持 24h 无渗漏。

（2）密封性试验结束后，变压器油静置时间：110kV 及以下变压器不小于 24h；220kV 及 330kV 变压器不小于 48h；500kV 及 750kV 变压器不小于 72h；1000kV 变压器不小于 96h。在此期间变压器应无渗漏。

（3）静置完毕后，应从变压器的套管、升高座、冷却装置、气体继电器及压力释放装置等有关部位进行多次放气。如带有潜油泵的变压器，应启动潜油泵，再次进行排气直至气体排尽，调整油位至相应环境温度时的位置。

6. 验收

（1）校准油位。用透明塑料软管一头连接气体继电器放气塞，另一头拉至油位表，打开气体继电器放气塞，检查油位表指示与透明塑料软管液面是否对应，如不对应调整油位表传动机构，仍然无法对应的，应打开储油柜观察孔，检查胶囊是否完好，调整结束后关闭气体继电器放气塞。

（2）密封性能试验。从储油柜顶部加气压 Δp（MPa），气压值按下式规定计算

$$\Delta p = 0.045 \qquad h\rho \times 10^{-2}$$

式中　h——储油柜中油面至压力释放装置法兰的高度距离；

ρ——变压器油密度，取 $0.85 \times 10^3 kg/m^3$。

加气压维持时间 24h，应无渗漏和损伤。

（3）注油 24h 后，应从变压器底部放油阀（塞）采取油样进行化验与色谱分析。

四、注意事项

（1）检查注油设备、注油管路是否清洁干净，新使用的油管亦应先冲洗干净。检查清洁油罐、油桶、管路、滤油机、油泵等，应保持清洁干燥，无灰尘杂质和水分，清洁完毕应做好密封措施。变压器抽真空时，防止真空泵电源失电，真空泵油被吸入变压器油箱，污染变压器绝缘。

（2）变压器的抽真空应按制造厂家图纸要求并遵守制造厂家规定，防止胶囊袋破裂或不能承受全真空变压器油箱、附件（储油柜、散热器等）在抽真空时的过度变形。抽真空前应关闭不能抽真空的附件阀门，如储油柜（可抽真空储油柜阀门可不关闭）、有载开关储油柜阀门，其他阀门应处于开启位置。

（3）变压器内检前应提前了解施工期间的气象情况。

【思考与练习】

1. 变压器现场滤油勘查变电站现场时需要了解哪些要点？

2. 补充不同牌号的变压器油时，为什么应先做混油试验？

3. 变压器注油后应如何补油？

▲ 模块 8 变压器（电抗器）安装施工组织（Z42E1008）

【模块描述】本模块介绍油浸式变压器（电抗器）现场安装组织方案编制、施工组织及相关要求；通过讲解和实训，达到能正确编制变压器、电抗器现场安装施工方

案，能正确组织现场安装作业。

【模块内容】油浸式变压器（电抗器）现场安装前，一般应先勘查变电站现场，编制施工方案，制定施工组织，进行危险点分析和风险控制措施。

一、施工方案编制

变压器安装施工方案包括工程概况、编制依据、组织措施、安全措施、技术措施、施工进度和工期安排、安装工序流程、危险点及预控措施、环境保护及文明施工、附件资料等内容。

1. 工程概况

（1）简要阐述此次施工工程设计安装的变压器总容量、安装数量、安装位置、运输方式、变压器制造厂家、施工负责单位、主要的工作量统计等信息。

（2）介绍变压器的型号、额定容量、接线组别、额定电压比、相数、冷却方式、调压方式、出厂时间及身重、总油重、充氮（气）运输重量、总重等变压器主要技术参数。

2. 编制依据

（1）设计单位施工图纸。

（2）制造厂家的技术文件。

（3）国家、行业、企业有关变压器安装施工标准。

（4）电力建设安全工作规程。

3. 组织措施

（1）明确安装施工的组织结构，包括项目负责人、项目联系人、作业负责人、安全质量负责人、施工人员、辅助人员、特种作业人员等。

（2）明确各岗位职责和安全责任。

（3）强调特种作业人员必须持证上岗。

4. 施工进度和工期安排

制订工程进度计划图，明确各个阶段的具体工作内容。

5. 安装工序流程

（1）采用流程图形式介绍安装工序。

（2）根据施工流程，依次说明各施工工序的操作步骤、工艺要求和标准。

6. 安全措施

编制施工过程需要采取的安全措施和注意事项等。

7. 技术措施

编制施工过程需要采取的技术措施等。

8. 危险点与预控措施

进行施工全过程危险点分析，并提出相应预控措施。

9. 环境保护及文明施工

编制施工过程中环境保护、文明施工方面需要采取的措施。

10. 附件资料

（1）工器具及设备材料清单。

（2）其他制造厂家技术文件资料。

二、施工组织

1. 人员组织

根据施工需要，明确项目经理，技术负责人，监理人员，安全、质量负责人，安装、试验人员（含厂家服务人员）；检查工具保管员、检查起重指挥、汽车吊驾驶员、高压试验等特殊工种人员上岗证件是否合格。

2. 安全技术方案

项目管理单位组织设计单位、监理单位、施工单位召开安全技术方案审查会，审查技术方案、风险预控措施是否满足合格，合格后报审批手续。

3. 施工交底

施工前，项目管理单位组织全体作业人员召开安全、技术交底会，布置工作任务，交待作业危险点及预控措施，务必使作业人员了解变压器技术参数，熟悉施工图和制造厂家技术文件，掌握变压器安装工艺和风险预控措施。

三、危险点分析与控制措施

油浸式变压器（电抗器）安装过程中危险点分析与控制措施见表 Z42E1008-1。

表 Z42E1008-1 危险点分析与控制措施表

序号	危险点	危险点分析	控制措施
1	起重伤害	（1）无安全技术措施或未交底施工。 （2）不懂安全防护和安全操作规程。 （3）违章指挥	（1）技术措施编制确保措施的针对性和可操作性。 （2）认真执行做好安全技术交底。 （3）强化安全操作技能培训。 （4）施工人员有权拒绝违章指挥、违章作业。 （5）施工人员应遵守劳动纪律、服从指挥
2	触电	（1）施工电源布置不规范。 （2）施工机具和电源绝缘损伤。 （3）扩、改工程未做好防感应电措施	（1）施工电源应严格按规定布置。 （2）定期对机具和电源线进行检查，在工作过程中应加强巡查。 （3）做好防感应电伤人的措施
3	高处坠落	（1）高处作业不系或未正确安全带。 （2）安全带损坏	（1）高处作业人员必须使用安全带，且宜使用全方位防冲击安全带。安全带必须拴在牢固的构件上，并不得低挂高用。施工过程中，应随时检查安全带是否拴牢。 （2）每次使用前，必须进行外观检查，安全带（绳）断股、霉变、虫蛀、损伤或铁环有裂纹、挂钩变形、接口缝线脱开等严禁使用

序号	危险点	危险点分析	控制措施
4	火灾	变压器油渗漏、施工电源不规范、静电	清理变压器压器周围场区，合理放置油罐、滤油机，保证作业空间和安全通道，滤油机电源用专用电源电缆，滤油机外壳接地电阻不得大于4Ω，金属油管路设多点接地，防静电火花引起火灾，滤油机、油罐处严禁烟火，油管路接头牢固，无滴渗漏现象，现场设置消防器材
5	设备损伤	芯部损坏、异物掉入（遗留）器身内	变压器压器器身检查人员应穿洁净、无扣、无口袋工作服和耐油靴，所带工具必须清点登记，检查用木梯应牢固，两端用干净布包扎好，检查人员不可蹬踏木支架，检查结束后清点作业人员、工具、物品
6	物体打击	（1）交叉作业。 （2）起重指挥和作业人员不协调	（1）合理安排工序，避免交叉作业。 （2）作业人员应听从统一指挥。 （3）在起吊重物时手指不得放在法兰的连接处

【思考与练习】

1. 油浸式变压器安装施工方案如何编写？

2. 油浸式变压器安装如何开展施工组织？

3. 油浸式变压器安装危险点有哪些内容？

▲ 模块 9　变压器（电抗器）器身检查（Z42E1009）

【模块描述】本模块包含油浸式变压器（电抗器）器身各部件检查及工艺要求；通过讲解和实训，达到能正确检查变压器、电抗器器身各部件。

【模块内容】油浸式变压器（电抗器）器身各部件检查包括绕组及绝缘件的检查，引线及绝缘支架绕组、引线装置的检查；铁芯、铁芯紧固件（穿心螺杆、夹件、拉带、绑带等）的检查；压板及压钉的检查；油箱、磁（电）屏蔽的检查等内容。

一、危险点分析与控制措施

油浸式变压器（电抗器）器身检查时的危险点分析与控制措施见表 Z42E1009-1。

表 Z42E1009-1　　　　　　危险点分析与控制措施表

序号	危险点	控制措施
1	窒息、触电	（1）在器身内部检查过程中，应连续充入露点小于-40℃的干燥空气，防止检查人员缺氧窒息。 （2）如是充油运输，在排油后也应向器身内部充入干燥空气。 （3）检查过程中如需要照明，宜使用强光源高亮度手电筒。 （4）器身内部检查前后要清点所有物品、工具，发现有物落入变压器内要及时报告并清除

二、器身检查前的准备

（1）器身检查可吊罩（吊芯）或内检，变压器检查应在干燥的晴朗天气进行，场地四周应清洁并设有防尘措施。露空时间规定：空气相对湿度在 75%以下时，露空时间不大于 16h；带油变压器从开始放油时开始计时，充气变压器应由打开任一盖板时开始计时，计时至变压器本体抽真空为止。

（2）所有工具必须登记造册，由专人保管，及时做好清点核对工作。所有工具应系白纱带，防止工具落入器身。场地周围应清洁，并做好防尘、防火措施。

（3）器身检查人员必须穿清洁油务服和耐油鞋；严禁携带与工作无关的任何物品如手表、手机、钢笔、钥匙串等。

（4）器身检查时注意事项：

1）凡雨、雪天，风力达 4 级以上，相对湿度 75%以上的天气，不得进行器身检查。

2）在没有排氮前，任何人不得进入。当油箱内的含氧量未达到 18%以上时，任何人不得进入。

3）在内检过程中，必须向箱体内持续补充露点低于-40℃ 的干燥空气，以保持含氧量不得低于 18%，相对湿度不应大于 20%；补充干燥空气的速率，应符合产品技术文件要求。

4）变压器内检时，周围空气温度不宜低于 0℃，器身温度不宜低于周围空气温度；当器身温度低于周围空气温度时应将器身加热，宜使其温度高于周围空气温度 10℃，或采取制造厂家要求的其他措施。

5）分接开关暴露在空气中的时间应符合表 Z42E1009-2 的规定。

表 Z42E1009-2　　　　　　　分 接 开 关 露 空 时 间

环境温度（℃）	空气相对湿度	持续时间不大于（h）
大于 0	65%以下	24
大于 0	65%～75%	16
大于 0	75%～85%	10
小于 0	不控制	8

三、器身检查

变压器应进行器身检查，运输过程未出现异常，制造厂家出具质量承诺且经建设单位同意的可以不进行器身检查。运输和装卸过程中冲撞加速度出现大于 3g 或冲撞加速度监视装置出现异常情况时，必须进行现场器身检查。变压器器身检查有吊罩检查和内部检查两种方式，以制造厂家服务人员为主，现场施工人员配合；进行内检人员不宜超过 3 人，内检人员应明确内检的内容、要求及注意事项。

（一）排油排气（内检）

1. 充氮运输变压器排油排气

（1）充氮运输变压器，器身检查前应进行注油排氮或抽真空排氮充干燥空气，制造厂家对本工艺有特殊要求时，可按制造厂家的规定进行，但应有制造厂家的书面认可文件。

（2）注油排氮前，应先放净变压器残油，再接通注油管路，检查无误后，从变压器的注油阀向变压器内注入合格的绝缘油，气体从变压器顶部排出，绝缘油应注至油箱顶部将气体排尽，然后使绝缘油位保持在高出铁芯上部 100mm 以上。

（3）注油排氮后，在放油内检前，变压器器身浸渍时间应大于 24h。

（4）采用抽真空排氮充干燥空气时，220kV 及以上变压器要求抽真空残压至 133Pa 以下，并做好记录，充合格干燥空气至气体压力在 0.01～0.03MPa 范围。

2. 充油运输变压器排油

充油运输变压器，器身检查前排油即可。内检过程中要继续向油箱内吹入干燥空气，保持变压器内含氧量大于 18%；内检过程中人孔洞口由专人守候，以便与内检人员联系。

（二）钟罩起吊

进行内检变压器不需要吊钟罩。

（1）拆除上节油箱与下节油箱连接的所有螺栓。

（2）拆除所有运输用固定件及本体内部相连的部件。

（3）采用四根吊索，分别可靠系在钟罩专用吊环上，吊索承重力为钟罩重量的 6 倍以上，吊索应有足够的长度，吊索与铅垂线夹角不宜大于 30°。变压器四周设四根导向索。

（4）起重机放置方位合理，四条支腿完全伸展，支撑在坚实地面上，并采取防陷措施。

（5）缓缓起吊，钟罩升高 20cm 左右，检查钟罩平稳度，与器身间距均匀，防止钟罩触碰器身。

（6）钟罩完全起吊后，平稳移至干净枕木上。

（7）起吊钟罩后，应排尽变压器底部残油。

（三）绕组及绝缘件检查

1. 围屏

（1）检查表面，表面清洁，无污垢、无发热放电痕迹、无变形。

（2）检查接头绑扎，接头绑扎紧固。

（3）检查撑条，整齐、完好、无放电痕迹。

（4）检查相间隔板，固定牢固、完好。

2. 绕组

（1）检查绕组表面，表面清洁，无污垢。

（2）检查绕组形状，无倾斜，位移，辐向未弹出、无变形。

（3）检查绕组匝绝缘，完好无破损、无脆化、色泽正常。

（4）检查垫块，完好无缺失，测量辐向间距，无松动位移、排列整齐、辐向间距相等、轴向垂直，垫块外露长度超过导线厚度。

（5）检查油道，油道畅通，无污垢杂物堵塞。

（6）检查压紧装置，压紧装置无松动、紧固适当。

（四）引线及支架检查

（1）检查绝缘厚度，绝缘厚度均匀，符合产品技术文件。

（2）检查绝缘外观，表面清洁、包扎良好、厚度均匀，无变形、脱落、破损，排列整齐。

（3）检查引线应力锥，绝缘厚度、长度符合产品技术文件。

（4）检查引线接头，接头平整、清洁、光滑无毛刺，引线与套管导电杆连接紧固，焊接部位应为磷铜焊接或银焊接，接头面积应大于其引线截面的 3 倍以上。

（5）检查穿缆引线外观，无断股、散股、扭曲、长度适宜、表面清洁。

（6）检查绝缘距离，引线间与各部位之间的绝缘距离符合产品技术文件。

（7）检查绝缘支架，表面清洁、外观无破损、裂纹、无弯曲变形、无烧伤痕迹，与钢夹件用钢螺栓固定，有防松措施，与绝缘件用绝缘螺栓固定，有防松措施。

（五）铁芯及夹件检查

（1）检查铁芯外观，表面平整，叠片紧密、无翘片、无严重波浪状，漆膜无脱落，表面洁净，无油垢或杂质，片间无短路、搭接、无发热、变色或烧伤痕迹。

（2）检查夹件外观，夹件表面清洁，无爬电烧伤和放电痕迹，螺栓紧固、无松动，压紧螺栓有防松措施，铁芯底脚垫木固定无松动。

（3）检查铁芯接地，一点接地、固定良好、无变色痕迹，接地片厚度、宽度、插入深度符合产品技术文件，外露部分绝缘包扎良好。

（4）检查铁芯间油道与夹件油道，油道畅通，无堵塞，垫块无脱落，排列整齐。

（5）用 2500V 绝缘电阻表检测铁芯、夹件的绝缘应良好。

（六）压板及压钉检查

（1）检查压板及压钉外观，表面洁净，无油垢或杂质，完好，无破损和裂纹、无爬电烧伤和放电痕迹，压板无偏心。

（2）检查紧固情况，压板紧固，与铁芯间隙均匀，正反压钉和防松螺帽无松动，与绝缘垫圈接触良好，反压钉与上夹件有足够距离。

（3）检查钢压板接地情况，一点接地，与夹件用连接片完好、无损伤、连接可靠。

（4）无压钉结构的检查，铁芯与压板间的绝缘垫块应紧固无松动。

（七）油箱检查

（1）检查油箱内部外观，表面清洁、无锈蚀、内部完整、漆膜附着牢固、底部无杂质。

（2）检查箱壁上的阀门开闭灵活，指示正确。

（3）检查导向绝缘油管，强油循环管路连接牢固，内部清洁，无放电痕迹，绝缘管表面清洁、漆膜完整。

（4）检查法兰结合面，清洁平整，限位条焊接牢固、各部厚度一致。

（5）检查磁（电）屏蔽装置，固定牢固、接地可靠，无放电痕迹。

（八）主要试验项目

（1）测量绕组连同套管的直流电阻。

（2）测量与铁芯绝缘的各紧固件（连接片可拆开者）及铁芯（有外引接地线的）绝缘电阻。

（3）测量绕组连同套管的绝缘电阻、吸收比或极化指数。

（4）绕组连同套管的交流耐压试验。

（5）绕组连同套管的长时感应电压试验带局部放电试验。

四、器身及油箱底部冲洗

器身检查完毕后，应用合格的变压器油对器身进行冲洗、清洁油箱底部，不得有遗留杂物及残油。冲洗器身时，不得触及引出线端头裸露部分。

【思考与练习】

1. 变压器钟罩起吊的步骤有哪些？

2. 铁芯及夹件的器身检查有哪些要点？

3. 变压器油箱检查有哪些要点？

▲ 模块 10　分接开关现场安装常见问题及处理（Z42E1010）

【模块描述】本模块包含分接开关现场安装常见问题及处理及处理方法；通过讲解和实训，达到能正确处理无载分接开关、有载分接开关现场安装常见问题及处理。

【模块内容】本模块通过故障特征、原因分析、检查与排除方法等介绍分接开关现场安装遇到的常见问题和故障处理方法。

一、无载分接开关安装常见问题及处理方法

1. 触头接触不良

（1）故障特征：触头接触不良，投运后导致发热，变压器油色谱分析指标超标。

（2）原因分析：① 定位指示与开关接触位置不对应，使动触头不到位；② 触头接触压力不够（压紧弹簧疲劳、断裂或接触环各向弹力不均匀）；③ 部分触头接触面有缺陷，接触面偏小。

（3）检查与排除方法：首先连同变压器绕组一起做直流电阻，其运行挡位的直流电阻明显升高；另调整一个挡位再做直流电阻，若直流电阻仍然偏高，可初步判断确为无励磁开关触头过热，必要时进行吊芯检查。若另调整一个挡位再做直流电阻，其阻值不大时，可将变压器暂时加运，继续进行色谱跟踪并进一步判断故障点。

2. 无励磁开关密封渗漏油

（1）故障特征及原因分析：如系箱盖与无励磁开关法兰盘之间渗漏油，可能是箱盖与无励磁开关法兰盘之间静密封圈失效。如系转轴与法兰盘或座套之间渗漏油，可能是转轴与法兰盘或座套之间动密封圈失效。

（2）检查与排除方法：首先用扳手轻轻紧固无励磁开关法兰盘螺栓或轴套的压紧螺母，看是否奏效。若不奏效，将变压器油位放至箱盖以下，更换密封圈。近年来部分制造厂家给无励磁开关转轴密封设置了内、外两级，可不放油进行外级密封圈更换，较好地解决了操动机构部位的渗漏油问题。

3. 操动机构不灵，不能实现分接变换

（1）故障特征及原因分析：① 操作杆转轴与法兰盘或座套之间密封过紧；② 无励磁开关触头弹簧失效，动触头卡滞。均可造成操动机构不灵，不能实现分接变换。

（2）检查与排除方法：若是操作杆转轴与法兰盘或座套之间密封过紧，调整操作杆转轴与法兰盘或座套之间密封环塞子，既要不渗漏油，还要保证操作灵活。若是无励磁开关触头弹簧失效，动触头卡滞，则要将变压器进行吊罩，对无励磁开关进行检查或更换。

4. 挡位变动，电阻值不变，且机构转动力矩很小

（1）故障特征及原因分析：① 绝缘操作杆下端槽形插口未插入开关转轴上端圆柱销；② 操作杆断裂。

（2）检查与排除方法：将变压器油位放至箱盖以下进行检查，若是绝缘操作杆下端槽形插口未插入开关转轴上端圆柱销，拆卸操作杆，重新安装即可；若是操作杆断裂，则检查操作杆并更换。

5. 变压器直流电阻不稳定或增大

（1）故障特征：变压器直流电阻不稳定或增大。

（2）原因分析：① 分接引线与无励磁开关连接的螺栓松动；② 触头接触压力降低，表面烧伤；③ 长期不运行的触头表面有油膜或氧化膜。

（3）检查与排除方法：若是分接引线与无励磁开关连接的螺栓松动，检查紧固分接引线与无励磁开关连接的螺栓；若是触头接触压力降低，表面烧伤，更换触头弹簧，触头轻微烧伤时用砂纸打磨，烧伤严重时，更换触头；若是长期不运行的触头表面有油膜或氧化膜，操作 3~5 个循环后再测试。

6. 变比不符合规律

（1）故障特征及原因分析：① 变比不符合规律，分接位置乱挡；② 分接引线接错。

（2）检查与排除方法：若是操动机构和分接开关的连接有误，重新连接并效验；若是分接引线接错，配合直流电阻试验确认，重新连接分接引线。

7. 变压器油色谱分析有微量放电故障

（1）故障特征：变压器油色谱分析有微量放电故障。

（2）原因分析：绝缘操作杆下端槽形插口与开关转轴上端圆柱销的接触不良，发生悬浮电位放电。

（3）检查与排除方法：绝缘操作杆下端槽形插口与开关转轴上端圆柱销之间加装弹簧片，确保接触良好。

二、有载分接开关常见问题及处理方法

在变压器有载分接开关运行中，运行人员经常会碰到如分接开关调挡时发生连动、操动机构电源空气开关跳闸、操动机构电源空气开关经常跳闸、分接开关气体继电器动作等情况。下面针对各种常见故障进行分析。

1. 电动机构连动

（1）方向记忆凸轮开关程序不对；行程开关本身质量差；紧固螺栓松动，发生位移。

（2）交流接触器剩磁或油污引起接触器延时释放或不释放。

（3）交流接触器动作配合不当。

（4）有三个中间位置的开关，控制器上有自动超越而被误认为连动。

（5）尼龙凸轮上的紧固螺栓松动，引起冲红线而连动。

【案例1】2003 年 10 月 20 日，某 110kV 变电站变 2 号变压器 M 型分接开关连动，经检查发现，尼龙凸轮上的紧固螺栓因松动产生位移，导致方向记忆凸轮开关动作程序不对，引起机构冲红线而连动。

2. 电动机构拒动

（1）三相电源未接进或熔丝烧坏。

（2）手动保护的闭锁行程开关未复位。

（3）行程开关接触不良而引起主回路缺相。

（4）三相电源接通，但零线未接好，不能形成回路。

【案例2】2001年4月5日，某110kV变电站2号变压器安装调试过程中发现M型开关电动机构拒动。检查后发现，电源零线未插入接线端子，造成电动机构电源不能形成回路。

3. 电源空气开关跳闸

（1）三相电源相序不对。

（2）方向记忆凸轮开关程序不对。

（3）控制回路有对地短路现象：① 火线被螺栓压破接地；② 电器元件绝缘受损造成对地短路。

（4）电气限位过早。

（5）远方二次接线出故障。

（6）交流接触器辅助触头未安装到位，接触器动作卡滞。

（7）操动机构箱内，时间继电器整定值过早。

【案例3】2004年3月16日，某110kV变电站1号变压器M型电动机构箱内电源空气开关跳闸，经检查是交流接触器K3常闭触头烧损，造成制动失效，停挡过位，使电源空气开关跳闸。

4. 有载开关电动机构动作，而切换开关未动作

远方控制和就地电动或手动操作时，电动机构动作，控制回路与电动机构分接位置指示正常且一致，而电压表和电流表均无相应变化。

（1）分接开关和电动操动机构连接圈数不正确。

（2）分接开关头盖齿轮盒内或角式齿轮盒内齿轮脱落。

（3）分接开关与电动操动机构水平和垂直连接销脱落。

（4）分接开关传动轴断裂，传动轴包括切换芯子撑板上部伸出的与头部齿轮啮合的连接轴、中间的绝缘轴、穿过触头系统的传动轴及油室底部的输出轴。

【案例4】1999年12月3日，某110kV变电站1号变压器M型开关电动机构完成一个分接变换，而控制室内电压表无变化，经检查发现，分接开关水平传动轴与顶盖齿轮盒相连处的轴承严重磨损造成切换开关不动作。

5. 电动机构单方向拒动

（1）电动机构一个方向操作正常而另一个方向拒动，系统限位机构未复位，可以

排除主回路及操作回路公共部分故障，而应在拒动操作回路上查找故障。

（2）电动机构限位机构未复位，可拨动限位机构，在滑动接触处加少量润滑油来处理。

（3）电动机构限位触点损坏，可检查行程开关。

（4）拒动回路接触器触点损坏或励磁绕组烧毁。

【案例5】2005年8月6日，某110kV变电站1号主SYXZ型开关上升方向拒动，经检查发现，电动机构箱内控制上升方向交流接触器绕组烧毁。

6. 分接开关远方拒动，就地操作正常

（1）远方控制回路故障。

（2）远控就地转换开关没能置于正确位置，无操作电源。

【案例6】2006年1月8日，某110kV变电站1号变压器VC型开关在变压器小修结束投运后，运行人员发现分接开关远方拒动，经检查发现，检修人员在变压器小修后未把远控/就地转换开关放在远控位置。

7. 分接开关轻气体继电器动作

（1）有载分接开关气体继电器接线盒进水受潮，使绝缘下降。

（2）开关油室内油的绝缘耐压下降，造成灭弧能力下降，从而引起调压时产生大量气体。

（3）气体继电器到开关储油柜连接管倾斜度达到2%～4%，造成调压所产生的气体不能顺利排出。

（4）开关弹簧疲劳造成过渡电阻通电时间过长，产生大量气体。

（5）因密封不良造成油位下降。

（6）投运前油室内空气未放尽，应放尽空气。

【案例7】2004年3月8日，某110kV变电站2号变压器SYXZ型开关轻气体继电器动作，经吊芯检查发现，有载分接开关吸湿器长期受潮，潮湿空气进入分接开关桶体，使开关油室内油的绝缘耐压下降，从而引起调压时产生大量气体。

8. 分接开关重气体继电器动作

（1）切换开关内部螺栓松动后掉落，引起过渡电阻短路。

（2）切换开关与油室触头接触压力不够，引起触点温度过高而烧损。

（3）切换开关绝缘件老化击穿。

（4）切换开关储能机构脱扣，引起开路。

（5）切换开关内多股软编织裸铜线松散，并落在切换开关分接头间，造成分接头间击穿放电。

【案例8】1998年6月5日，某110kV变电站1号变压器SYXZ型有载分接开关重气体继电器动作，经吊芯检查发现，切换开关 A 相单数和零相多股软编织裸铜线松散造成 A 相接地短路。

【思考与练习】

1. 无载分接开关常见问题装有哪些？
2. 有载调压开关电动机构连动原因是什么？
3. 有载调压开关的常见问题有哪些？

▲ 模块 11 变压器现场安装常见问题及处理（Z42E1011）

【模块描述】 本模块包含油浸式变压器（电抗器）现场安装常见问题及处理方法；通过讲解和实训，达到能正确处理变压器、电抗器现场安装常见问题。

【模块内容】 变压器安装过程中主要有密封不好导致渗漏油和绝缘降低，抽真空不规范导致胶囊破损，连接面法兰不平整导致铸铁件开裂、绝缘油污染等常见问题，本模块通过具体事例分析问题产生原因，提出处理方法和防范措施。

一、绝缘降低

1. 原因分析

（1）变压器芯部检查时湿度超过 75%，露空时间超过规范规定时间。

（2）长时间充气的变压器，器身检查前没有进行注油排气工序，使绕组失去变压器油的有效保护，导致绕组绝缘材料干燥使潮气侵入。

（3）芯部检查时防尘措施不力，检查完后对芯部冲洗清洁不够，导致器身污染。

（4）变压器整体密封不好，导致潮气侵入。

（5）油务系统不清洁，附件清洁不干净，造成器身内部污染。

2. 处理方法

（1）热油循环。通过对变压器本体油进行加热循环过滤，使器身内部潮气散发，通过真空滤油机将潮气吸出，同时油在循环过程中通过滤油机的两级滤芯对内部杂质进行清理。

（2）将本体油位放至距顶盖约 300mm，关闭气体继电器两侧蝶阀，将滤油机进出油管分别接到下部放油阀和邮箱顶部添加油孔，打开器身上所有阀门，进行热油循环处理。

（3）涡流加热。通过对绕组加大电流，使铁芯产生涡流发热，逼出内部潮气。

（4）返厂处理。绕组严重受潮，现场无法进行处理的进行返厂处理。

3. 防范措施

（1）器身检查前应对工作场地进行清扫干净，周围不得有会产生扬尘的工作，在变压器四周撒少量的水防止扬尘。

（2）确保工作时段空气湿度≤75%，器身露空时间≤16h。

（3）长时间充气的变压器，器身检查前必须浸油 24h 以上。

（4）油务系统在正常工作前必须用合格的变压器油进行彻底清洁。

（5）安装附件必须彻底清洁，方可进行安装。

（6）发现密封不好应立即进行处理。

二、渗漏油

1. 原因分析

（1）设计制造缺陷，结构设计不当，加工工艺粗糙（砂眼），焊接工艺差（夹渣、气孔、漏焊），法兰面不平整、连接管道配置不合理（过长、过短、错位）。

（2）现场安装不当，法兰平面清洁不彻底，表面有油污、锈蚀、焊渣，两法兰面间错位。

（3）密封圈放置不到位，造成密封圈损伤或密封圈不起作用。

（4）螺栓紧固不均匀、不到位。

（5）附件磕碰，造成破损开裂。

2. 处理方法

（1）将法兰面彻底清理，去除油污、锈蚀、焊渣，将法兰面进行平面校正。

（2）不合理连接管道进行重新配制，使得管道连接自然吻合。

（3）密封圈放置在连接处的中间合适位置，竖直放置的密封圈应有防下滑的措施（如卡件固定），在螺栓紧固过程中要随时校正密封圈的位置。

（4）螺栓紧固应先对角紧固的方式，到密封圈开始受理起顺时针挨个缓慢均匀紧固，紧固到密封圈压缩 1/3 停止紧固。

（5）由于磕碰造成破损的应及时处理，同时进行检漏试验。

（6）发现砂眼、夹渣、气孔、漏焊应及时处理，油浸式变压器微小渗漏允许补焊，但应遵守下列规定：

1）变压器、电抗器的顶部应有开启的孔洞。

2）焊接部位必须在油面以下。

3）严禁火焊，应采用断续的电焊。

4）焊点周围油污应清理干净。

5）应有妥善的安全防火措施，并向全体参加人员进行安全技术交底。

3. 防范措施

（1）将安装过程中发现的制造厂家问题及时反馈，以便制造厂家以后加以改进。

（2）安装时必须对法兰面处理彻底。

（3）紧固螺栓不能一颗螺栓紧到底。

（4）搬运和起吊附件要缓慢进行，防止磕碰。

三、气体继电器法兰面开裂

1. 原因分析

（1）法兰面不平整。

（2）螺栓紧固不均匀。

（3）连接管太短。

2. 处理方法

（1）法兰面应进行校平处理。

（2）螺栓应采用对角紧固，应均匀紧固，不得一颗螺栓或一侧螺栓紧固太多。

（3）连接管长短应合适，如太短应重新进行制作。

（4）应先紧固气体继电器两端螺栓，再紧固连管另一侧螺栓。

3. 防范措施

（1）安装前必须对气体继电器安装位置间距进行确认，不能太长太短。

（2）螺栓紧固过程中应观测气体继电器受力情况。如受力过大应停止紧固，重新对连管进行配置。

四、胶囊破损

1. 原因分析

（1）胶囊胶合工艺差，造成胶合处破裂。

（2）胶囊内外压差较大，造成胶囊撕裂，如 220kV 及以下电压等级变压器抽真空时气体继电器的蝶阀关闭不严。

2. 处理方法更换新胶囊

3. 防范措施

（1）安装胶囊前应对外观进行检查，并充以 0.01～0.03MPa 的干燥空气进行检漏试验。

（2）胶囊不能抽真空的变压器，本体抽真空前应对储油柜用闷板可靠隔离。

4. 案例分析

500kV 某变压器储油柜胶囊破损。

（1）事件经过。1 月 29 日下午，2 号变压器 C 相完成内检及附件安装，19:00 由管道 1 处开始抽真空，真空回路见图 Z42E1011-1。大约 24:00，真空泵水泵出现故障，无法继续抽真空，考虑深夜空气湿度较大，为避免潮气吸入变压器箱体，所以立即由管道 2 处充入干燥空气解除真空（期间阀 2 处于连通状态）。30 日早上更换水泵，继续抽真空，31 日注油时发现本体油位表指示异常，为避免影响真空度，未做进一步检查。2 月 1 日上午完成注油后，对储油柜及油位表进行检查，发现胶囊破损。

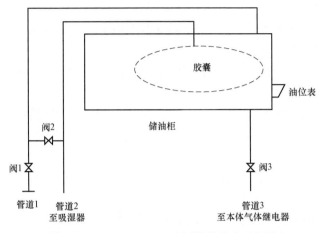

图 Z42E1011-1　500kV 变压器抽真空示意图

（2）原因分析。由管道 2 充入干燥空气解除真空时，一部分气体进入储油柜胶囊，另一部分气体经储油柜进入本体。因胶囊空间和本体空间相对极差极大，致使胶囊内部呈正压而变压器本体仍呈真空状态。当压差足够大时胶囊承受不起压力差而破裂。

（3）处理方法。充入干燥空气解除真空时，干燥空气应由变压器本体的下部注入。此时储油柜胶囊不会产生明显的压力差，故不会导致胶囊破裂。

五、绝缘油污染

1. 原因分析

（1）绝缘油中有微生物，导致绝缘油微生物污染而增大介损值。

（2）油务系统未清洗干净。

（3）滤油过程中有过热导致绝缘油碳化。

2. 处理方法

（1）用专用微生物处理过滤装置进行处理。

（2）滤油过程控制油温在 70℃以下。

3. 防范措施

（1）储油罐使用前放残油和水分，并必须进行彻底清洗。

（2）滤油机先用合格的绝缘油进行自循环清洁处理。

（3）滤油管不管新旧都必须用合格的绝缘油进行冲洗。

（4）用压力式滤油机将绝缘油注入储油罐，过滤油中的杂质。

六、钟罩起吊不平衡

1. 原因分析

（1）变压器四个吊点是以整台变压器重心考虑的，钟罩的重心往往相对于变压器整体的重心偏移较多。

（2）回罩时为了加快安装速度，有些施工单位把能装的附件预先装在钟罩上，造成第二次不平衡。

（3）汽车起重机停放位置不合理，吊点和汽车起重机的距离较远，造成稳定性下降。

2. 处理方法

（1）采用可调吊具进行平衡点调节。具体做法是在四个吊绳中串入四个调节杆来调整平衡。

（2）汽车起重机尽可能靠近变压器确保其稳定性。

3. 防范措施

（1）当钟罩和下油箱脱离后观察钟罩上下油箱法兰孔是否偏离，如有偏离应及时调整调节杆。

（2）当钟罩上升 100mm 时观察钟罩是否倾斜，如有倾斜调整调节杆长度。

【思考与练习】

1. 变压器安装的主要常见问题有哪些？

2. 充油变压器微小渗漏补焊有哪些要求？

3. 造成绝缘油渗漏主要有哪些原因？如何处理？

第二章

干式变压器安装

▲ 模块 1　干式变压器安装流程、安装方法及
工艺要求（Z42E2001）

【模块描述】本模块包含干式变压器安装流程、安装方法及工艺要求；通过讲解和实训，掌握干式变压器的安装技能。

【模块内容】干式变压器安装内容包括设备开箱清点、整理，基础安装，交接试验，就位，附件及接地等工作。本模块所述内容适用于额定容量在 20 000kVA 及以下，电压等级 35kV 及以下的干式变压器。

一、干式变压器安装流程

干式变压器安装流程见图 Z42E2001-1。

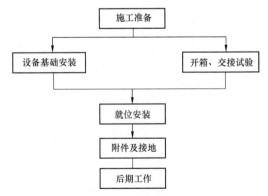

图 Z42E2001-1　干式变压器安装流程

二、干式变压器安装方法

1. 干式变压器典型结构

干式变压器典型结构见图 Z42E2001-2。

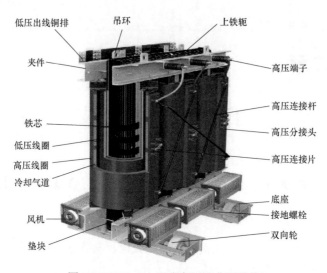

低压出线铜排　　吊环　　上铁轭

夹件　　　　　　　　　　高压端子

铁芯　　　　　　　　　　高压连接杆

低压线圈　　　　　　　　高压分接头

高压线圈　　　　　　　　高压连接片

冷却气道

风机　　　　　　　　　　底座

　　　　　　　　　　　　接地螺栓

垫块　　　　　　　　　　双向轮

图 Z42E2001-2　干式变压器典型结构

2. 危险点与控制措施

干式变压器安装过程中危险点与控制措施见表 Z42E2001-1。

表 Z42E2001-1　　　　　　　**危险点分析与控制措施表**

序号	危险点	控制措施
1	异物伤人	（1）设备开箱时，动作要柔缓，严禁撬棍触及设备。 （2）包装箱拆除后应及时清理干净
2	起重伤害	（1）吊装有专人指挥，吊臂下严禁站人。 （2）起重工具使用前认真检查，并进行强度核验，严禁使用不合格的工具。 （3）设备起吊后应系好拉绳，防止摆动碰伤人员
3	火灾	电焊施工时，应用石棉布将变压器隔开，现场应配有灭火器材
4	误入带电间隔（扩建变电站）	（1）工作前向作业人员交代清楚临近带电设备，并加强监护。 （2）工作人员应走指定通道，在遮栏内工作，不得移动和跨越遮栏

3. 施工准备

（1）技术准备。厂家说明书、试验报告、厂家图纸齐备。

（2）材料准备。根据施工图纸和材料清册核定干式变压器安装所用材料的数量和规格，材料的数量和规格应满足安装要求。干式变压器安装一般需要的材料见表 Z42E2001-2（一台为例）。

表 Z42E2001-2   干式变压器安装材料清单

序号	名称	数量	规格	备注
1	蛇皮管	若干		
2	电焊条	若干		
3	防锈漆	5	2kg	
4	调和漆	5	2kg	
5	槽钢	若干		
6	螺栓	若干	热镀锌	相应的平垫圈和弹簧垫

（3）工器具准备。干式变压器安装一般需要的工器具见表 Z42E2001-3（一台为例）。

表 Z42E2001-3   干式变压器安装工器具清单

序号	名称	数量	规格	备注
1	汽车吊	1	8t	
2	电焊机	各1	5、15kW	
3	链条葫芦	4	5～15t	
4	液压机	1	110t	
5	油压千斤顶	4	10～50t	
6	合成纤维吊带	若干	5t	
7	厂家专用吊件	1		
8	U形吊环	10	10t	
9	吊环螺钉	若干		
10	滚杠	若干		
11	枕木	若干		
12	干湿度温度表	2		
13	游标卡尺	3		
14	力矩扳手	3		
15	工作台			临时存放备品备件和工器具
16	电钻	2	M6～M20	
17	卷尺	3		
18	铅锤	2		
19	榔头	1	5kg	

（4）人员组织。安全员、质量员、安装负责人、安装人员，起重指挥、电焊工等特殊工种人员必须持证上岗。

（5）现场布置。按照《国家电网公司输变电工程安全文明施工标准化管理办法》要求进行现场布置。

1）安装前设备、材料、工器具在指定位置统一堆放。

2）吊装区域必须进行安全隔离，并放置起重作业区的标识牌。

4. 基础复测

基础的标高、尺寸及位置应符合设计及有关标准。

5. 设备开箱

（1）干式变压器开箱检查人员应由建设单位、监理单位、施工安装单位、供货单位代表组成，共同对设备开箱检查，并做好记录。

（2）开箱检查应根据施工图、设备技术资料文件、设备及附件清单，检查干式变压器及附件的规格型号，数量是否符合设计要求，部件是否齐全，有无损坏丢失。

（3）按照随箱清单清点干式变压器的安装图纸、使用说明书、产品出厂试验报告、出厂合格证书、箱内设备及附件的数量等，与设备相关的技术资料文件均应齐全。同时设备上应设置铭牌，并登记造册。

（4）检查干式变压器外观，应无机械损伤，无裂纹、变形等缺陷，油漆应完好无损。高压、低压绝缘瓷件应完整无损伤、无裂纹等。所有附件应齐全，干式变压器轨道距离应与设计相符。

6. 设备基础的安装

（1）按照设计基础配制图安装槽钢金属构架。

（2）槽钢基础构架与接地扁钢连接不宜少于两点，在基础槽钢构架的两端，用不小于 40mm×4mm 的扁钢相焊接，焊接扁钢时，焊缝长度应为扁钢宽度的 2 倍，焊接三个棱边，焊完后去除氧化皮，焊缝应均匀牢靠，焊接处做防腐处理后再刷两遍灰面漆。

7. 试验

按照相关规程进行干式变压器的电气交接试验。

8. 设备就位

（1）准备好索具，根据干式变压器自身重量及吊装高度，决定采用何种方式进行就位。

（2）如干式变压器室在首层则可直接吊装进室内，如在地下室，可采用预留孔吊装干式变压器或预留通道运至室内就位到基础上。

（3）配电盘就位安装。

9. 附件及接地

（1）温度控制器安装。用螺栓将温度控制器固定在干式变压器防护罩外侧，将热敏电阻的温度信号引出线接入温度控制器，将交流电源线接入温度控制器，检查无误后，进行温度控制器的设定和调试。

（2）一次、二次引线连接。

（3）干式变压器接地。通过接地标志的专用接地螺栓接地，干式变压器外壳也应接地；低压侧采用三相四线制时，中性线也应接地。

10. 后期工作

（1）紧固螺栓，清洁设备表面。

（2）相色标志正确、清晰。

（3）通风设施安装，消防设施齐备。

（4）分接挡位检查，操作及联动试验正常。

（5）清理施工工器具、归库。

三、干式变压器安装工艺要求

（1）安装槽钢金属构架时，如设计对槽钢构架高出地面无要求，施工时可将其顶部高出地面 100mm。

（2）干式变压器就位时，应按设计要求的方位和距墙尺寸就位，横向距墙不应小于 800mm，距门不应小于 1000mm，并应适当考虑推进方向，开关操作方向应留有 1200mm 以上的净距。

（3）配电盘安装时，变压器箱体与盘柜前面应平齐，与配电盘柜体靠紧，不应有缝隙。紧靠变压器底座的四角，在预埋钢板上焊接四块短槽钢，使得变压器在使用过程中不发生位置移动。

（4）一次、二次引线连接。不应使干式变压器的套管直接承受应力，并保证带电体之间及带电体对地的最小距离，特别是电缆至高压线圈的距离，高压连线须避免尖角和弯折。

【思考与练习】

1. 干式变压器安装前准备工作有哪些？

2. 干式变压器接地要求有哪些？

3. 干式变压器一次、二次引线有哪些要求？

◢ 模块2　干式变压器安装常见问题处理（Z42E2002）

【模块描述】 本模块包含干式变压器安装常见问题及处理方法；通过讲解和实训，

掌握干式变压器安装常见问题处理方法。

【**模块内容**】本模块重点介绍干式变压器安装过程中的常见问题，通过对问题进行分析以及对安装要求的介绍，以保证干式变压器安装工作顺利完成。

一、基础槽钢无法安装

清理出预埋件，同时标出室内最终地坪标高，以设计院所出变压器布置图为准，安装基础槽钢。以建筑物中心线为平行线，找正基础槽钢安装基准线（误差不大于5mm），以土建所标室内最终地坪标高加上5mm作为基础型钢上平面基准，用水平仪或U形管水平法校正合格后焊牢。有母线桥的两端盘基础，应注意相互间槽钢间距、平行度。

二、运输过程中设备损伤

干式变压器运输过程中不应有严重冲击和震动，运输时应固定牢固，防止倾斜，保证安全。变压器卸车时，直接卸置于预先放置好的滚杠上，变压器放置方向应考虑安装方向，放置变压器时应防止变压器滑动。变压器托运时，应采取保护措施，如铺设橡胶皮，防止损坏地面。托运时应注意防止碰到绝缘绕组。拖动中用力应均匀、一致、协调，拖动应缓慢，防止倾斜。

三、引线制作不符合规范，接线端子承受过大的拉、压应力

对大电流低压母线应单独支持，不能直压接在变压器接线端子上，使其产生过高的机械拉力和力矩；当电流大于1000A时，母线和变压器端之间必须有一段软连接，以补偿导体的热胀冷缩，并隔离母线和变压器的振动。各接线点的电气连接处必须保持必要的接触压力，必须使用弹性元件（比如碟型垫圈或弹簧垫圈）；在紧固连接螺栓时，应使用扭矩扳手。

四、铁芯接地不良或多点接地

（1）检查变压器外壳和铁芯是否永久性接地。

（2）拆除铁芯接地片，进行铁芯绝缘电阻的测试，一般情况下（温度20~30℃，湿度≤90%）：铁芯—夹件及地≥2MΩ，穿心螺杆—铁芯及地≥2MΩ，在比较潮湿的环境下，此值会下降，但至少其阻值应≥0.1MΩ。一般可通过干燥处理，使其达到要求。测量完毕后重新接好接地片。

五、辅助器件工作不正常

变压器运行前须检查温控设备以及其他辅助器件能否正常工作，应在温控器调试正常后，先将变压器投入运行，后投入温控。应使变压器室有较好的干燥通风环境，保证设备的绝缘，不受潮湿和污染。

六、投入运行前检查项目不全

变压器试运行前的检查内容：各种交接试验数据齐全，符合要求。变压器清理、

擦拭干净，本体及附件无缺损，变压器一次、二次引线相位正确，绝缘良好，接地线良好，通风设施安装完毕，工作正常，变压器的分接头位置放置在正常电压挡位，各种标志牌挂好，门装锁。保护装置整定值符合规定要求，操作及联动试验正常。

【思考与练习】

1. 干式变压器基础槽钢安装有何要求？

2. 干式变压器引线制作有何要求?

3. 干式变压器接地有哪些要求？

第三章

互 感 器 安 装

◢ 模块 1 互感器安装流程、安装方法及工艺要求（Z42E3001）

【模块描述】本模块包含互感器安装流程、安装方法及工艺要求；通过讲解和实训，掌握互感器的安装技能。

【模块内容】互感器安装主要包括基础复测，设备开箱清点、整理，支架安装，互感器本体安装，二次电缆安装，接地施工。

一、互感器安装流程

互感器安装流程见图 Z42E3001-1。

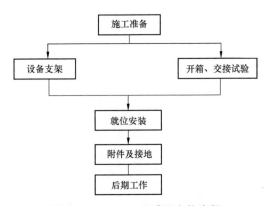

图 Z42E3001-1 互感器安装流程

二、互感器安装方法

1. 危险点与控制措施

互感器安装过程中危险点及控制措施见表 Z42E3001-1。

表 Z42E3001-1　　　　　　　危险点分析与控制措施表

序号	危险点	控制措施
1	高处坠落及落物伤人	(1) 高处作业系好安全带，不得攀登及在瓷柱上绑扎安全带。 (2) 使用的梯子应坚固完整、安放牢固，并有人扶持。 (3) 传递物件必须使用传递绳，不得上下抛掷
2	起重伤害	(1) 吊装有专人指挥，吊臂下严禁站人。 (2) 起重工具使用前认真检查，并进行强度核验，严禁使用不合格的起重工具。 (3) 设备起吊后应系好拉绳，防止摆动碰伤人员
3	触电伤害（扩建变电站）	搬动梯子时，需两人放倒搬运，与带电部位保持足够的安全距离
4	误入带电间隔（扩建变电站）	(1) 工作前向作业人员交代清楚临近带电设备，并加强监护。 (2) 工作人员应走指定通道，在遮栏内工作，不得移动和跨越遮栏

2. 施工准备

（1）技术准备。厂家说明书、试验报告、厂家图纸齐备。

（2）材料准备。根据施工图纸和材料清册核定互感器安装所用材料的数量和规格，材料的数量和规格应满足安装要求。互感器安装一般需要的材料见表 Z42E3001-2（一组为例）。

表 Z42E3001-2　　　　　　　互感器安装材料清单

序号	名称	数量	规格	备注
1	白布	2 块		
2	电力复合脂	1 支		

（3）工器具准备。互感器安装一般需要的工器具见表 Z42E3001-3（一组为例）。

表 Z42E3001-3　　　　　　　互感器安装工器具清单

序号	名称	数量	规格	备注
1	吊机	1 台	16t	1000kV 互感器需要 50t 吊机
2	枕木	20 根		垫吊机支腿
3	梯子	1 把	15 挡	
4	扭力扳手	1 把	0～200N·m	
5	尖子扳手	1 把		
6	呆扳手	2 把		
7	吊带	2 根	2t	1000kV 互感器需要 4t 吊带
8	安全带	2 根		

（4）人员组织。安全员、质量员、安装负责人、安装人员，起重指挥、电焊工等特殊工种人员必须持证上岗。

（5）现场布置。按照《国家电网公司输变电工程安全文明施工标准化管理办法》要求进行现场布置。

1）安装前设备、材料、工器具在指定位置统一堆放。

2）吊装区域必须进行安全隔离，并放置起重作业区的标识牌。

3. 基础复测

基础的标高、尺寸及位置应符合设计及有关标准，设备支柱接地极应统一朝向。

4. 设备开箱

（1）附件数量、规格应该与设计相符，出厂文件、试验报告齐全。

（2）核对互感器型号、规格应符合设计要求，互感器外观应完整，无锈蚀或机械损伤。

（3）外观检查。

1）油浸式互感器油位应正常，油位指示器、瓷件法兰连接处、放油阀、接线板引线处应密封良好，无渗漏油现象。带膨胀器的互感器，应检查垫片封闭是否正常，垫片应在安装后投运前取出，金属膨胀器应完整无损，顶盖螺栓应紧固。一次端子及其连接片应清理干净，除去氧化层（镀银端子除外），涂以电力复合脂。电流互感器应按要求的变比进行连接，螺栓紧固，等电位片连接完好。

2）气体互感器的储运气压应符合制造厂家的技术规定，带冲击记录仪运输的互感器，应会同建设单位、监理、制造厂家检查冲击记录仪并做好记录。

5. 设备支架安装

（1）设备支架垂直放入设备基础中，校正、找平互感器设备杆。

（2）核对电缆穿管口朝向，在封顶板上预留电缆穿管口位置。

（3）封顶板焊接。根据接线端子及设备基础的相对位置，将封顶板置于设备支架上，用水平尺找平并点焊定位。核实无移位后焊牢，焊缝应符合设计要求，焊接结束后，对封顶板进行校正。

6. 互感器交接试验

互感器及 SF_6 气体的交接试验项目和标准应符合规范要求，同时应参照有关合同的技术规定结合执行。

7. 互感器本体安装

（1）先将互感器底座安装在设备支架上，校正后用螺栓固定。

（2）电容式电压互感器的安装应按照产品成套供应的组件编号进行组合，不得随意互换。电容分压器元件间有电气连接的，应先进行连线，再拧紧机械连接螺栓。

（3）安装互感器接线板和均压环，三相接线板方向一致，均压环不得歪斜、变形，最低处打滴水孔。

（4）调整三相互感器垂直度，要求其中心在同一直线上。

（5）用力矩扳手紧固所有螺栓。

8. 二次电缆安装

连接互感器二次电缆，所有二次电缆均应放入电缆槽盒或保护管内，并顺着电缆管引到端子箱内。

9. 接地施工

（1）互感器本体按照设计要求采用扁铁或铜绞线两点分别与主接地网可靠相连。

（2）互感器二次回路的接地端与主接地网可靠相连。

10. 后期工作

（1）油位调整。

（2）紧固螺栓，清洁设备表面。

（3）相色标志正确、清晰。

（4）清理施工工器具、归库。

三、互感器安装工艺要求

（1）设备支架安装后的质量要求：标高偏差≤5mm，水平误差≤2mm，中心误差≤5mm，垂直度偏差应不超过 $1/1000H$（H 为支架高度），相间轴线偏差≤10mm，本相间距偏差≤5mm。

（2）设备就位。

1）油位指示器位置应位于便于巡视的一侧。电流互感器一次接线端子的 L1 端子一般朝向断路器侧，设计有特殊要求者应按设计要求放置。

2）卧倒放置的互感器，应先吊直后再起吊就位。互感器整体起吊时，吊索应固定在规定的吊环上，不得利用瓷裙起吊，不得碰伤瓷裙（见图 Z42E3001-2）。制造厂家有直立起吊方案时，按制造厂家方案执行。

3）互感器安装应垂直，并列安装的互感器排列应整齐，垂直度偏差不应超过 $1/1000H$（H 为互感器本体高度），同组顶高偏差不应超过 5mm，属同一行列的中心偏差不应大于 5mm。

4）带均压环的互感器，均压环应安装牢固、水平，且方向正确，油封油位应正常。

5）电容式电压互感器的安装应按照产品成套供应的组件编号进行组合，不得随意互换。各组件间连接处的接触表面，应除锈除污，涂以电力复合脂。电容分压器元件间有电气连接的，应先进行连线，再拧紧机械连接螺栓。

图 Z42E3001-2　互感器就位

6）在运输中装有临时保护用的防爆隔膜，安装后应予以拆除。

7）气体互感器应按制造厂家技术规定进行补充充气，密度继电器应按要求进行动作值检查和记录。

8）互感器吊装结束后，必须进行调整，对螺栓进行紧固。

9）全密封结构的互感器，宜保持产品出厂时的密封状态，不宜取油样试验。如必须取油样或放油，应及时加油至正常油位。添加油的性能和注油方法应符合制造厂家的技术文件规定。

10）SF$_6$ 气体绝缘互感器充注的 SF$_6$ 气体应符合规程要求，SF$_6$ 气体额定压力符合产品技术要求并指示清晰、正确。

（3）互感器下列部位应接地。

1）分级绝缘的电压互感器底座及一次线圈接地引出端子。

2）电流互感器的底座、电容型电流互感器的末屏及铁芯引出接地端子。

3）电容电压互感器的底座和中间变压器的油箱、中间变压器的一次绕组的接地引出端子，电容分压器的末端不接结合滤波器时。

4）其中 TA 二次接地不得串接，应分别引至接地点接地，接地线不得小于 4mm^2。TV 的"×"看不到明显的接地点时，应用一根 6mm^2 的双色接地线可靠接地。

5）CVT 在不接结合滤波器时，应将电容分压器的末端用 6mm^2 的双色接地线可靠接地；接结合滤波器时，应将电容分压器的末端用 25mm^2 多股铜绞线直接引至结合滤过器的接地闸刀上桩头。

6）互感器安装用构架应有两处与接地网可靠连接。

7）互感器二次侧有开路保护间隙及一次侧有匝间保护间隙时，应按制造厂家技术规定调节好间隙距离。

8）电容式电压互感器经结合滤波器和接地刀闸接地的接线方式，互感器接地引线不得在结合滤波器上并接，应直接引至接地刀闸上并接。

9）电流互感器的备用二次线圈应先短路后接地。设计有特殊要求时按设计要求施工。

【思考与练习】

1. 互感器的开箱检查有哪些内容？

2. SF$_6$ 气体绝缘互感器安装时有什么要求？

3. 互感器哪些部位应接地？

▲ 模块 2　互感器安装常见问题处理（Z42E3002）

【模块描述】本模块包含互感器安装常见问题及处理方法；通过讲解和实训，掌握互感器安装常见问题处理技能。

【模块内容】本模块重点介绍互感器安装过程中的常见问题，通过原因分析以及安装注意事项的介绍，以保证互感器安装工作顺利完成。

一、互感器的极性安装不正确

在新安装 TV、TA 投运时，利用极性试验法检验 TV、TA 接线的正确性，已经是继电保护工作人员必不可少的工作程序。

避免其极性接反就是要找到互感器输入和输出的"同名端"，具体的方法就是"点极性"。这里以电流互感器为例说明如何点极性。具体方法是将指针式万用表接在互感器二次输出绕组上，万用表打在直流电压挡；然后将一节干电池的负极固定在电流互感器的一次输出导线上；再用干电池的正极去"点"电流互感器的一次输入导线，这样在互感器一次回路就会产生一个+（正）脉冲电流；同时观察指针万用表的表针向哪个方向"偏移"，若万用表的表针从 0 由左向右偏移，即表针"正启"，说明接入的"电流互感器一次输入端"与"指针式万用表正接线柱连接的电流互感器二次某输出端"是同名端，而这种接线就称为"正极性"或"减极性"；若万用表的表针从 0 由右向左偏移，即表针"反启"，说明你接入的"电流互感器一次输入端"与"指针式万用表正接线柱连接的电流互感器二次某输出端"不是同名端，而这种接线就称为"反极性"或"加极性"。

二、互感器的容量不足问题

安装前应仔细核对互感器的容量是否满足系统要求，接在互感器二次侧的负荷不应超过其额定容量，否则会使互感器的误差增大，难以达到测量的正确性。

三、互感器的二次侧接地问题

为了确保人在接触测量仪表和继电器时的安全，互感器二次绕组必须有一点接地，而且只允许一点接地。因为接地后，当一次绕组和二次绕组间的绝缘损坏时，可以防止仪表和继电器出现高电压危及人身安全。

四、互感器的末屏接地问题

互感器投入运行前末屏必须直接接地，由于互感器的主绝缘是多层油纸电容，它相当于由多层的电容串联而成，一次对地电压均匀地分布在各层之间，使互感器能够正常运行。如果互感器末屏不接地运行，使得末屏对地变成绝缘，由于交流电路的集肤效应，高电场主要移向靠近外皮的绝缘层上，使整个绝缘上电压分布不均匀，在最外层产生高电压，最高时可达几万伏。由于小套管上绝缘距离较短，在几万伏电压的长时间作用下，小套管产生爆裂，致使绝缘击穿，保护动作跳闸，最终造成设备事故。

五、电流互感器的二次开路问题

电流互感器运行时，二次侧不允许开路。原因如下：

（1）电流互感器一次被测电流磁势 I_1N_1 在铁芯产生磁通 Φ_1。

（2）电流互感器二次测量仪表电流磁势 I_2N_2 在铁芯产生磁通 Φ_2。

（3）电流互感器铁芯合磁通 $\Phi = \Phi_1 + \Phi_2$。

（4）因为 Φ_1、Φ_2 方向相反，大小相等，互相抵消，所以 $\Phi=0$。

（5）若二次开路，即 $I_2=0$，则 $\Phi=\Phi_1$，电流互感器铁芯磁通很强，饱和，铁芯发热，烧坏绝缘，产生漏电。

（6）若二次开路，即 $I_2=0$，则 $\Phi=\Phi_1$，Φ 在电流互感器二次线圈 N_2 中产生很高的感生电势 e，在电流互感器二次线圈两端形成高压，危及操作人员生命安全。

（7）电流互感器二次线圈一端接地，就是为了防止高压危险而采取的保护措施。

因此，电流互感器二次侧回路中不许接熔断器，也不允许在运行时未经旁路就拆下电流表、继电器等设备。

六、电压互感器的二次侧短路问题

电压互感器二次侧不允许短路。由于电压互感器内阻抗很小，若二次回路短路时，会出现很大的电流，将损坏二次设备甚至危及人身安全。电压互感器可以在二次侧装设熔断器以保护其自身不因二次侧短路而损坏。在可能的情况下，一次侧也应装设熔断器以保护高压电网不因互感器高压绕组或引线故障危及一次系统的安全。

【思考与练习】

1. 互感器安装时极性有何要求？

2. 电流互感器二次侧开路有什么危害？

3. 互感器末屏为什么必须接地？

第二部分

GIS 安装及调整

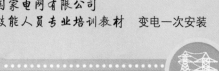

第四章

落地罐式断路器、PASS 等组合电器安装及调整

▲ 模块 1　落地罐式断路器、PASS 等组合电器安装流程、安装方法及工艺要求（Z42F1001）

【模块描述】本模块介绍落地罐式断路器、PASS 等组合电器安装流程、安装方法、工艺要求；通过讲解和实训，熟知落地罐式断路器、PASS 等组合电器安装流程，掌握安装调整方法及工艺要求。

【模块内容】本模块以 3AP1DT–FG252kV 型户外落地式罐式断路器为例，介绍罐式断路器、PASS 等组合电器的安装。

一、3AP1DT–FG252kV 型断路器结构及原理

（1）3AP1 DT 型开关是一种采用 SF_6 气体作为绝缘和灭弧介质的自能式高压开关，三相户外式设计，断路器的三个开关极柱由一个共同的开关基架支撑，见图 Z42F1001–1。

（2）三相极柱通过管道与一个气室连接，SF_6 的密度通过一个密度继电器测量并通过一个气压表显示出来。开关的弹簧驱动装置装在操作机构单元 2，该操作机构单元固定在基架 1 上。开断电流所需能量储存在一个三相极柱共有的合闸弹簧以及一个分闸弹簧中。合闸弹簧和分闸弹簧位于操作机构单元中。

（3）弹簧驱动机构可以通过一个传动单元驱动开关 C 相极柱，C 相极柱的传动机构与 A 和 B 相的传动机构通过连杆连接。这些连杆位于防护板 4 正上方。与操作机构单元 2 连的装配板包含了所有用于控制和监测断路器的设备，以及用于电气连接的终端接口，包括互感器要用到的终端接口。

二、作业内容

（1）罐式断路器支架安装。

（2）罐式断路器组装。

（3）罐式断路器调整。

（4）安装流程图（见图 Z42F1001–2）。

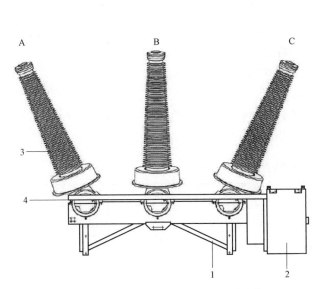

图 Z42F1001-1　3AP1 DT 型开关结构图

1—基架；2—操动机构单元；3—瓷套；4—防护板

图 Z42F1001-2　安装流程图

三、危险点分析与控制措施

作业中危险点分析及控制措施见表 Z42F1001-1。

表 Z42F1001-1　　　　　　作业中危险点分析及控制措施

序号	危险点	控 制 措 施
1	高处坠落及落物伤人	(1) 高处作业系好安全带；不得攀登及在瓷柱上绑扎安全带。 (2) 使用的梯子应坚固完整、安放牢固，使用梯子有人扶持。 (3) 传递物件必须使用传递绳，不得上下抛掷
2	起重伤害	(1) 起重作业专人指挥，信号统一、明确，吊物下严禁站人。 (2) 起重工具使用前认真检查，并进行强度核验，严禁使用不合格的工具。 (3) 设备必须绑扎牢固，吊物起吊后应系好拉绳，防止摆动碰伤人员
3	机械伤害	(1) 严格执行一般工具的使用规定，使用前严格检查，不完整的工具禁止使用。 (2) 调试断路器时专人监护，进行操作时工作人员必须离开断路器传动部位
4	瓷件损伤	瓷件安装必须做好瓷件保护措施
5	气体中毒	(1) 严格遵守 SF_6 气体的管理规定，对已运行过的 SF_6 气体的处理，施工中应有防止 SF_6 有害分解物对人体造成毒害的措施。 (2) 对 SF_6 气体的处理必须严格遵守 SF_6 气体的管理规定，防止泄漏造成环境污染
6	其他	施工现场应保持环境整洁，设备部件、附件堆放有序，保持道路畅通。开箱板及时清理

四、作业前准备（包含器材、作业条件、场地、工器具）

1. 技术准备

（1）编制断路器安装施工方案，施工前按工序标准和施工方案做好施工技术交底，施工人员应掌握交底内容、安装方法及标准。

（2）熟悉制造厂出厂技术文件，严格执行各类规范。

2. 材料准备

根据施工方案准备好材料见表 Z42F1001–2（一组为例），材料必须专人负责管理，并建立登记账单。

表 Z42F1001–2　　　　落地式罐式断路器材料清单

序号	名称	规格	数量	备注
1	无水酒精（分析纯）		若干	
2	丙酮		若干	
3	专用擦拭纸		若干	
4	白布带		若干	
5	记号笔		若干	
6	专用砂纸		若干	厂家配送
7	专用导电润滑脂		若干	

3. 人员组织

技术人员，安全、质量负责人，安装、试验人员（含厂家服务人员）；起重指挥、电焊工等特殊工种人员必须持证上岗。

4. 机具准备

吊车、汽车、吊装机具（包括专用吊具），专用工具、真空注气设备、SF_6 气体微水测量仪、检漏仪等，见表 Z42F1001–3（一台为例）。

表 Z42F1001–3　　　　落地式罐式断路器工器具清单

序号	名称	规格	数量	备注
1	吊车	16t	1 辆	
2	SF_6 气体回收装置	可移动（液压储气罐）	1 台	
3	升降车	升降高度 10m	1 台	
4	SF_6 补气小车		1 辆	
5	检漏仪		1 套	

续表

序号	名称	规格	数量	备注
6	水准仪、经纬仪		1 台	
7	真空泵（带电磁阀）	3000m³/h	1 台	
8	绝缘电阻表		1 只	
9	游标卡尺		1 把	
10	力矩扳手		1 套	
11	合成纤维吊带		若干	
12	厂家专用吊件		1 套	
13	卷尺		1 套	
14	铅锤		1 套	
15	SF$_6$充气软管		1 套	
16	U 形吊环	10t	4 只	
17	吊环螺钉		若干	

5. 现场布置

按照《国家电网公司输变电工程安全文明施工标准化管理办法》要求进行现场布置。

五、操作步骤

（1）检查基础及螺栓预埋，应符合以下要求：

1）混凝土基础达到允许的安装强度，基础保养时间符合要求。

2）基础中心距离误差、高度误差、预留孔或预埋件中心距离误差均应≤10mm，预留螺栓中心距离误差≤2mm，地脚螺栓高出基础顶面长度应符合设计和厂家要求，长度一致。

（2）罐式断路器运到现场后的检查应符合下列要求：

1）设备无碰撞损伤变形及锈蚀，所有元件、附件、备件及专用工具应齐全。

2）瓷件及绝缘件表面光滑，无裂纹及破损。

3）设备出厂资料齐全、完整。

4）如果断路器需存储 3 个月以上，储存期间一定要开启控制柜与操作柜内的防凝露加热器。

（3）设备运到现场后应会同相关部门人员及时组织开箱检查，并妥善保管：

1）附件、备件、专用工具、设备专用材料应置于室内干燥的位置。

2）运输单元应按原包装置于平整的枕木上，并按制造厂的编号和规定宜一步到位，避免二次搬运。

3）瓷件设备应安放妥当，不得碰撞。

4）供到现场的 SF_6 气体，符合《电气装置安装工程高压电器施工及验收规范》(GB 50147—2010）中表 5.5 的规定，并按规范中的要求取样化验和保管。

5）密度继电器或压力表应经检验合格。

6）做好开箱检查记录和签证工作。

（4）支架安装及套管的装运单元吊出。

1）支架应按制造厂技术说明书要求进行组装。

2）组装后的支架应进行校正，垂直误差不大于 1‰H（H 为支架总高度），最大应不大于 3mm，同一平面的支架水平误差不大于 5mm。

3）紧固地脚螺栓。

4）拆卸套管的装运单元，每相套管两端挂到起重机上，拆除运输螺栓，将套管水平地从运输单元上拆下，将套管放置在木板上，防止它们滚动，套管上法兰的标记必须向上。

（5）罐体（灭弧单元）安装。

1）罐体在吊装时，采用专用的尼龙绳套，吊装物吊起离地 100mm 左右时应停止起吊，仔细检查吊绳受力和设备平稳情况，确认无误后，方可继续起吊。

2）起吊前正确选择、使用吊具和吊点，防止损伤设备表面；断路器要按出厂编号对应安装，不要随意调整相序或编号。

3）对称地拧紧螺栓，并用力矩扳手紧固，力矩符合产品的技术规定，见表 Z42F1001-4。

表 Z42F1001-4 　　　　螺栓的紧固力矩值（制造厂家规定）

序号	螺栓连接	拧紧力矩（N·m）
1	M6	8±Nm
2	M8	20±2
3	M10	40±4
4	M12	70±7
5	M16	170±20

（6）套管安装。

1）套管安装应在无风沙、无雨雪、空气相对湿度小于 80% 的条件下进行，并根据产品要求严格采取防尘、防潮措施。

2）在套管安装前做好套管相关试验，并按图纸要求确定机构及套管方向。

3）套管安装前，方可拆掉开关灭弧室上的运输盖板，见图 Z42F1001-3，应用塑料薄膜覆盖严密，防止灰尘、水汽的侵入。

4）从套管上移走运输罩壳，将电极从运输罩壳上分离，检查电极是否损伤，可以用砂纸对擦痕和小的凹槽进行处理，用不掉毛的布和无水酒精清洁电极并放在干净的表面上法兰清洗，用 8 个螺栓 M6×16 安装电极，见图 Z42F1001-4，将一个密封圈放入法兰的凹槽内。

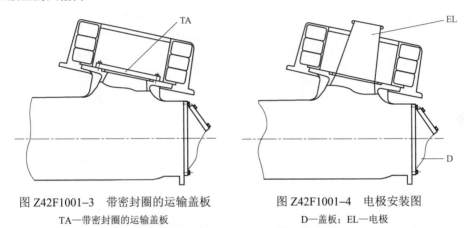

图 Z42F1001-3　带密封圈的运输盖板
TA—带密封圈的运输盖板

图 Z42F1001-4　电极安装图
D—盖板；EL—电极

5）吊装前应将套管清理干净，清洁剂使用规定见表 Z42F1001-5，起吊时，应防止一头在地面上出现拖动现象。吊离地面后，卸下套管尾部的保护罩，清理套管、基座内部，然后将套管对准基座，使其螺栓孔正对套管支座的螺孔，用螺栓固定，最后用力矩扳手紧固套管支座的螺栓。

表 Z42F1001-5　　　　　　清 洁 液 使 用 规 定

序号	清洁剂	用途	使用方法
1	温水加温和型家用清洁剂	外表面/轻微污染	用湿润而不掉毛的纸或抹布擦拭，防止滴漏，清洁剂不允许进入开口和间隙里
2	冷清洁剂碳氢化化合物为溶液，起燃点 >55℃	部件/油脂表面，涂有防锈剂密封圈	用湿润而不掉毛的纸或抹布擦拭，防止滴漏，用湿润而不掉毛的纸或抹布重复擦拭净，小部件有时可浸渍，密封圈不可浸渍
3	乙醇（酒精）	SF_6 气室中绝缘部件	用湿润而不掉毛的纸或抹布擦拭，防止滴漏

6）因为设计的原因，A 相和 C 相套管的安装角度和 B 相不同，为了能够以正确的角度安装每个套管，应该使用制造厂提供专用吊装工具 KV，见图 Z42F1001-5，螺栓安装时应涂上油脂。

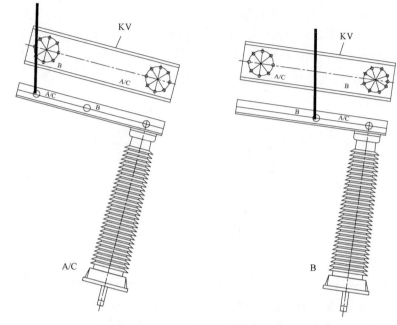

图 Z42F1001-5 使用专用吊装工具 KV

7）将两个导向螺栓 FB（见图 Z42F1001-6）拧进灭弧室法兰的螺纹中，做安装定位使用。为了在触头中准确地插入导体，必须使用手电筒，用 16 个螺栓 M 12×50 连接套管。

8）为了防止锈蚀，极柱内装有干燥剂，按厂家要求更换吸附剂。

（7）操动机构的安装。

1）断路器操动机构的安装按 GB 50147—2010 的有关标准执行。

2）按产品技术规定要求将操动机构安装于本体上，要求安装牢固、平直。

3）操动机构的零部件应齐全，各转动部分应涂以适合当地气候条件的润滑脂。

4）分合闸线圈的铁芯应动作灵活、无卡阻。

5）加热装置及控制装置的绝缘应良好。

（8）附件安装、二次接线。

1）密度继电器的安装，应按产品技术说明书要求安装到规定的位置。

2）气体管路和动力的安装，要求管路密封良好，走线美观，弯曲半径符合规定。现场制作的命令管宜基本等长，以保证断路器动作的同步性。

3）其他附件的安装应符合产品说明书和设计文件的要求。

4）电缆敷设和二次接线及屏蔽接地应符合产品说明书和设计文件的要求。

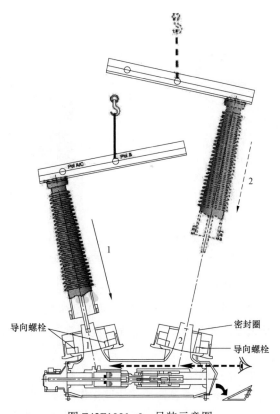

图 Z42F1001-6　吊装示意图

（9）充气、检漏。

1）断路器本体安装就位后，应及时充气、检漏，见图 Z42F1001-7。充气、检漏工艺一般按制造厂的技术文件规定执行。当制造厂对带气运输的部件气体处理有要求时，按制造厂规定执行。当无要求时，可按以下规定执行：气体含水量＜150μL/L（ppm）时，可直接充气；气体含水量≥150μL/L（ppm）时，宜抽真空再充气。真空度及真空保持时间按制造厂的技术文件规定执行。

2）断路器本体抽真空必须有人监视，及时处理抽真空过程中的异常情况。充入断路器的气体压力符合制造厂规定。

3）充气 24h 后，可对断路器进行检漏，当断路器安装及充气后，极柱和管道之间的连接处必须进行密封性检查，现场可根据实际情况进行定量或定性检漏。

（10）断路器的调整应符合下列要求。

1）检查操动机构元件：机构零部件齐全，电动机转向应正确，各接触器、继电器、微动开关、压力开关和辅助开关的动作准确可靠，触点接触良好，无烧损，分合闸线圈铁芯动作灵活、无卡阻。

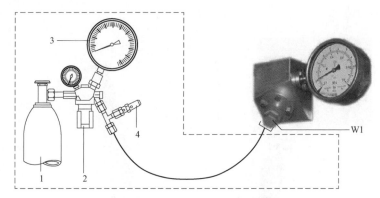

图 Z42F1001-7　充气装置连接

W1—充气接头；1—气瓶；2—减压调节阀；3—精密压力表（−0.1～0.9MPa）；4—安全阀

2）辅助开关检查：安装牢固；辅助开关触点转换灵活、切换可靠、性能稳定；辅助开关与机构间的连接应松紧适当、转换灵活，并满足通电时间要求。

3）弹簧操动机构调整：弹簧操动机构弹簧储能正常，指示清晰，缓冲装置可靠，并填写机构检查卡。

4）断路器位置指示器的调整：应使指示器指示正确。

5）具有慢分、慢合功能的断路器，应在快速操作前进行慢分、慢合操作。

6）具有其他功能的断路器的调整，应按制造厂规定进行调整。

7）断路器试验合格，耐压合格。

（11）后期工作。

1）对断路器外观进行检查、清洁。

2）做好断路器及机构的接地工作。

3）检查液压、气压管路应无漏油、漏气现象。

4）清理施工工器具、归库。

5）工作结束后及时完成安装记录。

六、注意事项

（1）提供相关的施工技术联系单、设计变更文件、会议纪要、厂家书面证明文件，关键工序质量控制卡、安装调整记录、SF_6检测报告、断路器试验报告。

（2）施工应在服务人员的指导下按厂家说明书，技术合同等进行。

（3）安装过程中螺栓的紧固力矩值如下：

1）螺栓的紧固力矩值见表 Z42F1001-4。

2）液压管螺纹接头紧固力矩值见表 Z42F1001-6。

表 Z42F1001-6　　　　　　　　　液压管螺纹接头力矩

序号	级别	型号	力矩（N·m）
1	10.9	M10	55
2	8.8	M12	90

（4）做好各关键工序的质量检查、控制。

（5）厂家现场服务期间，认真做好施工日志并做好签证工作。

（6）安装结束后，控制箱加热器必须投入运行，以防控制箱内部受潮。

（7）提供施工过程的相关影像资料。

（8）提供备品备件、专用工具移交清单。

【思考与练习】

1. 落地罐式断路器、PASS 等组合电器概念是什么？

2. 如何检查基础及预埋件？

3. 设备到现场需检查哪些项目？

◢ 模块 2　落地罐式断路器、PASS 等组合电器安装常见问题处理（Z42F1002）

【模块描述】本模块介绍落地罐式断路器、PASS 等组合电器安装常见问题处理；通过讲解和案例分析，掌握落地罐式断路器、PASS 等组合电器安装常见问题处理技能。

【模块内容】对落地罐式断路器、PASS 等组合电器安装过程中比较常见的问题，分析其产生的原因，介绍问题处理的方法。

落地罐式断路器、PASS 等组合电器安装常见故障、故障原因及处理方法见表 Z42F1002-1。

表 Z42F1002-1　　　　落地罐式断路器、PASS 等组合电器安装

常见故障、故障原因及处理方法

序号	故障现象	故障原因	处理方法
1	预埋螺栓预埋不正确	（1）螺栓预埋过长、过短。 （2）螺栓预埋位置不正确	（1）按规定进行重新预埋。 （2）按规定进行重新预埋
2	套管安装错误	（1）相位安装错误。 （2）进线套管与出线套管装反	（1）核对后拆除安装完的套管，进行重新安装。 （2）核对后拆除安装完的套管，进行重新安装

续表

序号	故障现象	故障原因	处理方法
3	SF$_6$ 气体密度过低，发出报警	（1）气体密度继电器有偏差。 （2）SF$_6$ 气体泄漏。 （3）防爆膜破裂	（1）检查气体密度继电器的报警标准，看密度继电器是否有偏差。 （2）检查气体填充后的记录，确认 SF$_6$ 气体是否泄漏，必要时用检漏仪检测，更换密封件和其他已损坏部件。 （3）检查是否内部气体压力升高而使防爆膜破裂，如果确认是电弧的原因，必须更换灭弧室
4	SF$_6$ 气体微水量超标、水分含量过大	（1）检测时，环境温度过高。 （2）干燥剂不起作用	（1）检测时温度是否过高，可在断路器的平均温度+25℃时，重新检测。 （2）检查干燥剂是否起作用，必要时更换干燥剂，抽真空，从底部充入干燥的气体
5	导电回路电阻值过大	（1）触头连接处过热、氧化，连接件老化。 （2）触头磨损	（1）触头连接处过热、氧化或者连接件老化，则拆开断路器，按规定的方式清洁、润滑触头表面，重新装配断路器并检查回路电阻。 （2）触头磨损，则对其进行更换
6	三相联动操作时相间位置偏差	（1）操作连杆损坏。 （2）绝缘操作杆损坏	更换损坏的操作连杆，检查各触头有无可能的机械损伤

【思考与练习】

1. 请分析落地罐式断路器导电回路电阻过大的原因。

2. 某组合电器开关三相联动操作时相间位置偏差的可能原因是什么？

3. 发现 SF$_6$ 气体密度过低，发出报警，请分析原因。

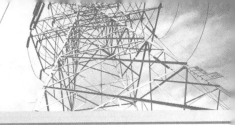

第五章

110kV 及以上 GIS 和封闭母线安装及调整

▲ 模块 1 110kV 及以上 GIS 和封闭母线安装流程、安装方法、工艺要求及验评方法（Z42F2001）

【模块描述】本模块介绍 110kV 及以上 GIS 和封闭母线安装流程、安装方法及工艺要求；通过讲解和实训，熟知 110kV 及以上 GIS 和封闭母线安装流程，掌握安装调整方法及工艺要求。

【模块内容】本模块以 220kV 户外 GIS 为例，进出线避雷器、电压互感器采用常规敞开式设备。GIS 主要包含断路器、母线、隔离开关、接地开关、套管底座、套管、母设 TV 安装、避雷器、配气管、汇控柜等单元。

一、作业内容

GIS 安装包括准备工作、GIS 组装、真空及充气、设备调整。安装流程图见 Z42F2001-1。

二、危险点分析与控制措施

作业中危险点分析及控制措施见表 Z42F2001-1。

表 Z42F2001-1　　　　　作业中危险点分析及控制措施

序号	危险点	控 制 措 施
1	高处坠落及落物伤人	（1）高处作业系好安全带；不得攀登及在瓷柱上绑扎安全带。 （2）使用的梯子应坚固完整、安放牢固，使用梯子有人扶持。 （3）传递物件必须使用传递绳，不得上下抛掷
2	起重伤害	（1）起重作业专人指挥，信号统一、明确，吊物下严禁站人。 （2）起重工具使用前认真检查，并进行强度核验，严禁使用不合格的工具。 （3）设备必须绑扎牢固，吊物起吊后应系好拉绳，防止摆动碰伤人员
3	机械伤害	（1）严格执行一般工具的使用规定，使用前严格检查，不完整的工具禁止使用。 （2）调试断路器时专人监护，进行操作时工作人员离开必须断路器传动部位
4	瓷件损伤	瓷件安装必须做好瓷件保护措施

续表

序号	危险点	控 制 措 施
5	气体中毒	（1）严格遵守 SF$_6$ 气体的管理规定，对已运行过的 SF$_6$ 气体的处理，施工中应有防止 SF$_6$ 有害分解物对人体造成毒害的措施。 （2）对 SF$_6$ 气体的处理必须严格遵守 SF$_6$ 气体的管理规定，防止泄漏造成环境污染
6	其他	（1）施工现场应保持环境整洁，设备部件、附件堆放有序，保持道路畅通。开箱板及时清理。 （2）进入 GIS 罐体内部工作，工作前应确认罐体内工作环境不应危害人身安全，通风良好，照明良好

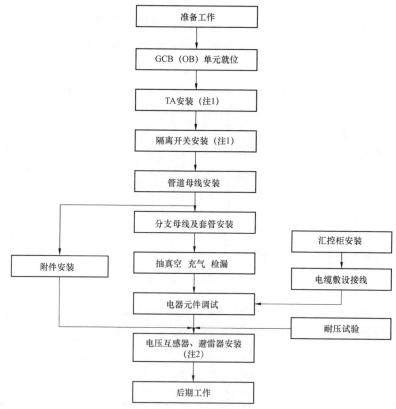

图 Z42F2001–1　GIS 安装流程图

注 1：500kV GIS 安装有该道工艺。

注 2：耐压、局部放电后安装。

三、作业前准备

1. 技术准备

（1）编制 GIS 施工方案，施工前按工序标准和施工方案做好施工技术交底，施工人员应掌握交底内容、安装方法及标准。

（2）熟悉制造厂出厂技术文件，严格执行各类规范。

2. 材料准备

根据施工方案准备好材料见表 Z42F2001-2，材料必须专人负责管理，并建立登记账单。

表 Z42F2001-2　　　　　　　　　　GIS 安装材料清单

序号	名称	规格	数量	备注
1	无水酒精（分析纯）		若干	
2	丙酮		若干	
3	专用擦拭纸		若干	
4	白布带		若干	
5	记号笔		若干	
6	专用砂纸		若干	厂家配送
7	压敏胶带		若干	检漏
8	塑料薄膜（0.06mm）		若干	
9	专用导电润滑脂		若干	

3. 人员组织

技术人员，安全、质量负责人，安装、试验人员（含厂家服务人员）；起重指挥、电焊工等特殊工种人员必须持证上岗。

4. 机具准备

吊车、汽车、吊装机具（包括专用吊具），专用工具、真空注气设备、SF$_6$ 气体微水测量仪、检漏仪等，见表 Z42F2001-3。

表 Z42F2001-3　　　　　　　　　　GIS 安装工器具清单

序号	名称	规格	数量	备注
1	吊车	50、25、16t	各 1 辆	
2	净化间		1 套	
3	空气干燥设备		台	
4	SF$_6$ 气体回收装置	可移动（液压储气罐）	1 台	
5	真空泵（带电磁阀）	3000m³/h	1 台	
6	SF$_6$ 气体储气罐	可移动 1000L	3 台	

续表

序号	名称	规格	数量	备注
7	链式起重设备	可移动 5t	1 台	
8	组装移动小车	可移动	1 台	
9	升降车	升降高度 10m	1 台	
10	双层可移动货架		2 台	
11	工作台及设备		2 套	
12	SF_6 补气小车		1 辆	
13	电焊机	5、15kW	各 1 台	
14	烘箱		1 台	
15	链条葫芦	5～15t	4 只	
16	水准仪、经纬仪		2 台	
17	合成纤维吊带		若干	
18	厂家专用吊件		1 套	
19	大功率吸尘器	2kW	2 台	
20	千斤顶	5～10t	4 台	
21	SF_6 充气软管		2 套	
22	电钻	M6～M20	2 套	
23	绝缘电阻表		2 只	
24	游标卡尺		3 把	
25	力矩扳手		3 套	
26	检漏仪		1 套	
27	尘埃测定仪		1 台	
28	氧气仪		1 套	
29	真空计		1 套	
30	干湿度温度计		2 套	
31	卷尺		3 套	
32	铅锤		2 套	
33	U 形吊环	10t	10 只	
34	吊环螺钉		若干	

5. 现场布置

按照《国家电网公司输变电工程安全文明施工标准化管理办法》要求进行现场布置。

四、操作步骤

（1）检查基础及预埋件，应符合以下要求：

1）混凝土基础达到允许的安装强度。

2）复测基础预埋件的标高及水平误差应符合设计和制造厂要求。无规定时，基础水平误差应不超过 5mm。

3）复测基础预埋件的轴线误差，并按制造厂基础图在基础上划上设备安装 X、Y 轴两个方向的基准中心线。要求中心线清晰、明确，便于安装时核对，安装后不易被设备覆盖。

4）参照设计及制造厂提供的地基图检查地基的最终情况，包括地基外形、电缆沟开口方向、本体接地预埋件位置、汇控柜（LCP 柜）基础位置等。

（2）GIS 组合电器运到现场后的检查应符合下列要求：

1）组合电器筒体无碰撞损伤变形及锈蚀，所有元件、附件、备件及专用工具应齐全。

2）瓷件及绝缘件表面光滑，无裂纹及破损。

3）设备出厂资料齐全、完整。

（3）设备运到现场后应会同相关部门人员及时组织开箱检查，并妥善保管：

1）附件、备件、专用工具、设备专用材料应置于室内干燥的位置。

2）运输单元应按原包装置于平整的枕木上，并按制造厂的编号和规定宜一步到位，避免二次搬运。

3）瓷件设备应安放妥当，不得碰撞，作为备件的盆式绝缘子应在需要使用时方可打开包装。

4）充有 SF_6 气体的运输单元或部件，应按产品技术规定检查压力值，并做好记录，有异常情况应及时采取措施。

5）供到现场的 SF_6 气体，符合《电气装置安装工程高压电气施工及验收规范》（GB 50147）的规定，并按规范中的要求取样化验和保管。

6）密度继电器或压力表应经检验合格。

7）做好开箱检查记录和签证工作。

（4）支架安装。

1）支架应按制造厂技术说明书的要求进行组装，密度继电器安装位置应便于运行人员巡视。

2）组装后的支架应进行校正，垂直误差不大于 1‰H（H 为支架总高度），最大应不大于 3mm，同一平面的支架水平误差不大于 5mm。

（5）GCB（OB）单元就位：

1）将垫块放置到已经处理过的预埋件的上面，采用吊机将 GCB（OB）单元平稳地洛在垫块上面；安装时，沿着标记线，慢慢地用吊机加人工方法将 GCB（OB）单元放置在规定的位置上。见图 Z42F2001-2、图 Z42F2001-3。

图 Z42F2001-2　GCB（OB）单元就位 1　　图 Z42F2001-3　GCB（OB）单元就位 2

2）使用起顶螺栓调整 GCB（OB）四垫块之间的间隙，然后加放调整片来调整高度，对于安装的第一 GCB （OB）单元，将其调整到四个底座连接部位的垫片距离标准水平面的高度为 Amm，对于其余 GCB （OB） 单元，要调整到 Amm 的高度。随后紧固 GCB（OB）单元与垫块之间的螺栓，将垫块用电焊固定在预埋件上。见图 Z42F2001-4。

图 Z42F2001-4　GCB（OB）单元校正

（6）设备组装。

1）设备组装应在无风沙、无雨雪、空气相对湿度小于 80% 的条件下进行，并采取防尘、防潮措施。如果制造厂有特殊要求时应满足制造厂要求。见图 Z42F2001-5、图 Z42F2001-6。

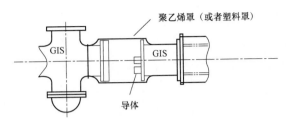

图 Z42F2001-5　GIS 设备组装图

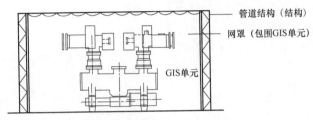

图 Z42F2001-6　GIS 设备组装图

2）制造厂已装配好运到现场的各电器单元，组装时不得解体检查；如有缺陷需在现场解体时，应在厂方人员指导下进行。

3）应按制造厂的编号和规定的顺序进行装配，不得混装，宜从中间位置或标高误差最大点处安装。

4）设备组装前，应进行下列检查：

a. 组合电器元件的所有部件应完整无损。

b. 瓷件应无裂缝，绝缘件应无受潮、变形、剥落及破损。

c. 母线和母线筒体内壁应平整光滑无毛刺；接线板、插接件及载流部分应光洁、无锈蚀现象。

d. 各元件的紧固螺栓应齐全，用力矩扳手检查符合规定。

e. 各连接件、附件及装置性材料的材质、规格及数量应符合产品的技术规定。

f. 防爆膜和吸附剂室隔膜应完好。

5）法兰型运输盖板拆卸。

a. 带盘式绝缘子：固定盘式绝缘子和盖板是双头螺栓，只要松开盖板侧螺母，取下盖板，另一侧螺母不要松开，以免盘式绝缘子移位。见图 Z42F2001-7。

b. 不带盘式绝缘子：松开固定盖板的螺

图 Z42F2001-7　法兰型运输盖板拆卸图

栓，取下盖板；

6）礼帽型运输盖板拆卸。松开所有盖板螺栓，慢慢移动盖板，使盖板与筒体法兰之间有 15mm 的间隙，拆除水平对称的 2 颗螺栓，利用这 2 颗螺栓将专用的托架固定到法兰上，并托住管型母线，松开其余的螺栓，慢慢移去运输盖板。见图 Z42F2001-8、图 Z42F2001-9。

图 Z42F2001-8　礼帽型运输盖板拆卸 1　　　图 Z42F2001-9　礼帽型运输盖板拆卸 2

7）主母线拼装时，主母线中心应对准基准中心线，中心偏移值不超过产品的技术规定，若法兰间不能很好配合或横向轴线偏移超过规定值时，可适当调整波纹管（或伸缩节），调整尺寸在产品规定范围内，无规定时，调整尺寸不超过 5mm。

8）检查法兰面和密封槽应清洁、无划伤痕迹；盘式绝缘子应完好，无裂纹；导体光洁，无损伤；触指布置均匀，固定牢固，镀银层均匀，无剥落现象。

9）清洁法兰面和密封槽，使用的清洁剂、润滑剂、密封脂和擦拭材料必须符合产品的技术规定。

10）密封槽及法兰面应光洁、平整、无伤痕；已用过的密封垫（圈）不得使用，密封圈应清洁、完好无变形、到位；利用厂家提供的防腐油脂均匀地涂在法兰表面，严禁将油脂黏到导体表面。密封脂均匀涂于密封槽内，严禁将密封脂涂于密封垫内侧而与 SF_6 接触。见图 Z42F2001-10。

11）导电杆及触头座应光洁、无氧化物、无划痕、无毛刺。仔细测量两对接单元的插入深度，插入深度应符合产品技术要求。见图 Z42F2001-11。

图 Z42F2001-10　均匀涂抹密封脂

12）支母线安装时，应在其外壳下方设置临时支撑架，防止盆式绝缘子遭受外力。

13）选择合适的吊装器具，按产品技术规定的吊点吊装设备单元，按产品技术规定进行机械连接。

14）连接插件的触头中心应对准插口，不得卡阻，插入深度应符合产品技术规定要求，并确认导电杆安装牢固正确。

15）罐体在密封前应清洁并检查罐体内

图 Z42F2001-11　单元导电杆对接

部、绝缘子及其他部位，确认没有留下杂物、工具及其他物件。

16）所有安装、连接螺栓的紧固均应使用力矩扳手，其力矩值应符合产品的技术规定。

（7）套管安装。

1）双吊机抬吊见第一部分油浸式变压器（电抗器）类设备安装及调整模块 6 组部件安装及工艺要求（Z42E1006）中第三点套管安装。

2）厂家专用工具吊装。

a. 套管底部安装厂家套管吊装装用工具，见图 Z42F2001-12。

b. 套管四个吊环上固定吊带，瓷裙上部对吊带进行固定，并做好瓷裙受力点的保护措施。见图 Z42F2001-13。

c. 缓慢起吊吊钩，防止套管移动。见图 Z42F2001-14。

d. 套管竖立后拆除专用工具，进行套管就位。见图 Z42F2001-15。

图 Z42F2001-12　安装专用工具

图 Z42F2001-13　安装吊绳

图Z42F2001-14 套管竖立　　　　　　图Z42F2001-15 套管就位

（8）附件安装、更换吸附剂。

1）密度继电器的安装：应按产品技术说明书要求安装到规定的位置。

2）气体管路的安装：要求管路密封良好，走向美观，弯曲半径符合规定。

3）汇控柜的安装应符合产品说明书和设计文件的要求。

4）电缆敷设和二次接线应符合产品说明书和设计文件的要求。

5）应按产品的技术规定更换吸附剂，对预充SF_6气体现场不露空、不抽真空的气室可不更换吸附剂，经现场露空的气室必须更换吸附剂。

6）吸附剂更换应在相对湿度小于80%的无雨雪的条件下进行。

7）吸附剂应按产品技术规定进行干燥处理，干燥温度及时间应符合产品技术规定要求，吸附剂干燥后或从密封装置中取出到装入气室应在产品技术规定的时间内完成。

（9）抽真空、充气、检漏、回收。

1）封闭式组合电器组装完成后，应及时抽真空、充气。对预充SF_6气体且现场未露空、未破压的气室，当制造厂有特殊要求时，按制造厂规定执行。当无要求时，可按下面规定执行：断路器气室气体含水量小于150μL/L时，其他气室含水量小于250μL/L时，可直接充气；当超出上述数值时，应抽真空注气。

2）为提高真空泵对每个气室的抽真空效果，外接真空管路宜采用紫铜管连接。真空度和真空保持时间必须严格按制造厂的技术文件规定执行。

3）抽真空时必须有人值班，及时处理抽真空过程中的异常情况，应防止真空泵突然停止或因误操作引起的真空泵油倒灌事故。

4）抽真空过程中应按产品技术规定进行真空泄漏试验，如制造厂无明确规定时，按下列要求执行：当气室抽真空到真空度（残压）133Pa 时，再继续抽真空 30min 后停泵，静置 30min 后读取真空度 A，再间隔 5h 后读取真空度 B，若 $B-A \leqslant 133Pa$，则认为试品密封性良好。

5）真空度及真空保持时间应符合产品的技术规定。达到规定要求后，充入 SF_6 气体至制造厂规定的额定压力，充气之前，现场测量 SF_6 钢瓶气体含水量是否符合要求。

6）SF_6 气体在充注时应称重，保证达到产品所要求充入的 SF_6 气体质量。见图 Z42F2001-16。

7）充气 24h 后，可对每个气室进行检漏，通常检漏部位为连接法兰、气管接头等处。现场可根据实际情况进行定量或定性检漏。如果采用定量检漏，漏气率应符合《电气设备交接试验标准》（GB 50150—2016）的规定或产品技术规定。见图 Z42F2001-17。

图 Z42F2001-16　SF_6 气体称重

图 Z42F2001-17　气体检漏作业图

8）SF_6 气体回收应按操作流程规定进行。

（10）电器元件调试。

1）GIS 具有慢分、慢合功能的断路器和隔离开关，在快速操作前，应进行慢分、慢合操作。具有其他功能的断路器和隔离开关，应按制造厂规定进行调整。

2）位置指示器的调整，应使指示器与元件实际位置对应，电器元件与传动机构的联动应正常，无卡阻现象。

3）辅助开关触点的调整，应接触良好，动作可靠，切换灵活，逻辑正确。

4）密度继电器的报警、闭锁定值应符合规定，电气回路绝缘良好。

5）GIS 试验合格，耐压合格。

（11）后期工作。

1）筒体与支架、支架与主接地网之间的连接可靠，标志清晰，符合要求。

2）检查各气室 SF$_6$ 气压应在额定气压允许范围内。

3）对密封式组合电器外观进行检查，补漆、清洗。相色漆、各气室标志明显、正确。

4）检查各气室应无漏气、机构无漏气（油）现象。

5）清理施工现场，清点工器具、归库。

五、注意事项

（1）根据充气记录检查气体压力是否有异常变化。

（2）设备底座盖板安装合适，螺栓全部紧固，无遗漏螺栓，盖板有无生锈现象。

（3）室外设备注胶口是否涂抹平整刷漆完好，现场对接面涂抹密封胶是否完整无缺口，注胶无漏胶现象，无污染其他设备现象，注胶口流出的防水胶清理干净。

（4）套管相序、位置安装正确、套管有无碰伤。

（5）根据制造厂图纸和设计图纸确认 TA、TV 相序，本体相序标识，套管相序。

（6）本体固定焊接位置应清理干净，底漆面漆涂抹美观完好。

（7）盆式绝缘子外壳颜色喷漆应完好。

（8）各操作箱内部点检，确认有无遗漏物品，内部应清扫干净。

（9）本体中心线与地基中心线应无位移。

（10）提供施工过程的相关影像资料。

（11）整理施工技术联系单、设计变更文件、安装记录、有关安全、质量记录等归档备查。

（12）按实际施工图作好竣工草图。

（13）提供备品备件、专用工具移交清单。

【思考与练习】

1. GIS 概念是什么？

2. 吸附剂更换有什么要求？

3. GIS 有哪些元件需要调整？

▲ 模块 2　110kV 及以上 GIS 和封闭母线安装常见问题处理（Z42F2002）

【模块描述】本模块介绍 110kV 及以上 GIS 和封闭母线安装常见问题处理；通过讲解和案例分析，掌握 110kV 及以上 GIS 和封闭母线安装常见问题的处理技能。

【模块内容】对 110kV 及以上 GIS 和封闭母线安装过程中比较常见的问题，分析其产生的原因，介绍问题处理的方法，并通过具体案例进行分析处理。

一、110kV 及以上 GIS 和封闭母线安装常见故障、故障原因及处理方法

110kV 及以上 GIS 和封闭母线安装常见故障、故障原因及处理方法见表 Z42F2002–1。

表 Z42F2002–1　　110kV 及以上 GIS 和封闭母线安装常见故障、
故障原因及处理方法

序号	故障现象	故障原因	处理方法
1	预埋件不正确	（1）预埋件设计图纸缺。 （2）预埋件位置不正确	（1）GIS 基础在施工前，必须认真核对电气安装图纸和土建基础施工图纸，对其中的接地预埋块位置、预埋槽位置等进行全面的核对，必要时可以参考厂家图纸，确保预埋槽钢和接地预埋块的正确。预埋件设计图纸中缺联系设计增加，根据设计联系单增加预埋件。 （2）及早发现，联系监理要求土建按照设计图进行更改
2	安装材料不足	（1）厂家配置安装材料缺。 （2）施工人员未按照要求安装	（1）目前采用国产设备较多，容易发生设备螺栓、弹垫、平垫缺失情况，要求厂家尽快补齐。 （2）施工前进行技术交底，要求施工人员按厂家要求进行设备安装
3	设备掉漆、生锈	设备生产与安装时间长	由于设备订货时间和施工时间较长，出现部分设备出现掉漆、生锈等情况，要求厂家进行处理
4	SF_6 气体密度过低，发出报警	（1）气体密度继电器有偏差。 （2）SF_6 气体泄漏。 （3）防爆膜破裂	（1）检查气体密度继电器的报警标准，看密度继电器是否有偏差。 （2）检查气体填充后的记录，确认 SF_6 气体是否泄漏，必要时用检漏仪检测，更换密封件和其他已损坏部件。 （3）检查是否因内部气体压力升高而使防爆膜破裂，如果确认是电弧的原因，必须更换灭弧室
5	SF_6 气体微水量超标、水分含量过大	（1）检测时，环境温度过高。 （2）干燥剂不起作用	（1）检测时温度是否过高，可在断路器的平均温度+25℃时，重新检测。 （2）检查干燥剂是否起作用，必要时更换干燥剂，抽真空，从底部充入干燥的气体

序号	故障现象	故障原因	处理方法
6	导电回路电阻值过大	(1) 触头连接处过热、氧化，连接件老化。 (2) 触头磨损	(1) 触头连接处过热、氧化或者连接件老化，则拆开断路器，按规定的方式清洁、润滑触头表面，重新装配断路器并检查回路电阻。 (2) 触头磨损，则对其进行更换
7	三相联动操作时相间位置偏差	(1) 操作连杆损坏。 (2) 绝缘操作杆损坏	更换损坏的操作连杆，检查各触头有无可能的机械损伤

二、110kV 及以上 GIS 和封闭母线安装故障处理案例

（1）某变电所 220kV GIS 安装完成后，发现母线分段开关处母线筒气体泄漏。

1）分析。GIS 内部包括母线、断路器、隔离开关、电流互感器、电压互感器、避雷器、各种开关及套管等。用化学性质不活泼的 SF_6 气体作为主绝缘，GIS 内输电母线用环氧盆式绝缘子作为支撑绝缘，从而取代了以前的变电所内以裸导线连接各种电气设备、用空气作为绝缘的方法。漏气是 SF_6 断路器的致命缺陷，所以其密封性能是考核产品质量的关键性能的指标。泄漏的原因主要来自制造厂，如铸件有砂眼、焊接处有裂纹、密封槽和密封圈尺寸不配合、密封圈老化、密封圈材质与法兰材质不相容、组装中密封工艺处理不当以及密度继电器存在质量缺陷等。GIS 中易漏气部位有：各种漏口、焊缝、SF_6 气体充气嘴、法兰连接面、O 形圈、压力表连接管、气室母管、附件砂眼处和气室伸缩节接口等处。其中 GIS 中法兰连接面和 O 形圈是泄漏的重要部位，建议有关制造厂家开展密封材质的研究，提高改善现用 O 形圈材质与法兰材质之间的不相容性。而母线筒连接处为法兰连接，应该为法兰连接面泄漏。

2）进行 SF_6 气体泄漏检测。检漏仪通常由探头、探测器、泵体三部分组成。当大气中有 SF_6 气体时，借助真空泵的吸力将 SF_6 气体吸入探测器，并转换成声光报警，泄漏量越大，声光报警信号越强烈。常规 GIS 气体泄漏检测通常采用定性检测。用 SF_6 气体探测仪探测 GIS 外部易泄漏部位和检漏口，根据探测仪发出的声光报警信号及仪器的指示，大致可判断出泄漏位置及浓度，在必要时进行定量探测。定量检测根据《电气装置安装工程电气设备交接试验标准》（GB 50150）规定以 24h 的漏气率换算，每一个 GIS 气室年漏气率不大于 1%。

3）处理。进行解体检查，发现法兰连接处有一发丝，清理后进行重新安装。

（2）在某变电所 GIS 微水检测过程中发现两侧电缆筒微水含量超标含水量有 320ppm 和 350ppm 左右，判断为不合格。

1）分析。GIS 水分含量的测试及控制是 SF_6 气体绝缘设备运行维护的主要内容之一。SF_6 气体中含有水分会使气体绝缘设备的绝缘强度大为降低。此外，气体中的水分还会在电弧作用下分解反应，生成许多有害物质，会使设备内部材料产生腐蚀和老化，

甚至对维修人员的健康产生影响。SF_6 气体水分含量高的原因主要是设备抽真空时真空泵未能抽到规定的真空值、使用了不合格的 SF_6 气体瓶中的气体、安装时内部绝缘件受潮以及干燥气体的干燥剂失效或已受潮饱和。结合现场实际情况，分析原因可能是抽真空时未达到规定真空度，或是安装电缆头时表面潮气处理不当。

2）检查。SF_6 气体水分含量检测方法：微水仪测量时尽量用同一类型微水仪测试，更容易掌握 SF_6 气体中含水量变化，以提高实测数据的可比性。同时在测量过程中严格执行操作程序，保证每次取样过程、测量操作方式基本一致。SF_6 气体水分含量标准见表 Z42F2002-2。

表 Z42F2002-2　　　　　SF_6 气体水分含量标准（ppm，V/V）

序号	位置	交接	大修	运行
1	断路器灭弧气室	150	150	300
2	其他气室	250	250	500

3）处理。经过安装人员再次抽真空等处理后，测得 SF_6 水分含量在 100ppm、165ppm 数据合格。SF_6 气体水分含量超标。

（3）GIS 法兰连接面跨接地线连接不规范。GIS 的法兰连接面应采用可靠地接地线连接。为保证 GIS 外壳的电气回路可靠连通，目前国产 GIS 设备一般采取两种方式，一种是通过跨接接地线将两个壳体连接（见图 Z42F2002-1），一种是通过两壳体间的可靠接触保证电气回路的可靠连通（见图 Z42F2002-2）。

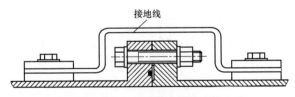

图 Z42F2002-1　跨接接地线连接方式

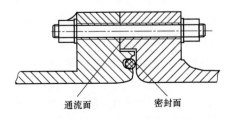

图 Z42F2002-2　金属法兰面对接连接方式

1）采用跨接接地线形式的具体结构见图 Z42F2002-3，法兰密封结构由密封胶与 O 形圈组成，密封圈在起到气体密封的同时可达到防水、防锈的作用，所以在法兰面的大气侧薄薄涂上一层密封胶。此密封胶会降低壳体法兰间通流能力，所以需在 GIS 产品法兰间外跨接地线。

2）采用两个金属法兰对接面连接形式的具体结构见图 Z42F2002-4，这种法兰密封结构将法兰的密封表面和电流连接表面区分为不同区域，在有密封面的法兰通流区有 3.5mm 的圆环凸台，在对应的密封槽的法兰通流区有 3.3mm 的圆环凹槽，此结构保证两法兰面连接时电流连接面能可靠接触。该结构接触面积大，接触电阻小，通流能力强。

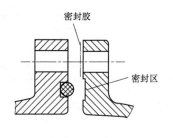 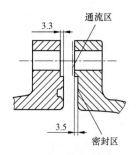

图 Z42F2002-3　密封胶密封结构　　　图 Z42F2002-4　有密封面的法兰连接结构

（4）GIS 伸缩节调整不规范。

目前工程中 GIS 伸缩节调整不规范形式较多，关键原因是施工人员对各类伸缩节的结构和原理熟悉不够，导致调整不规范。

GIS 伸缩节一般分为如下两种。

1）第一种：硬连接伸缩节，见图 Z42F2002-5，不具备温度补偿作用，主要用于安装时基础有偏差、轴线不在同一直线或水平面时（偏差不大的情况下），通过调整伸缩节可以保证 GIS 的轴线在同一直线或水平面。硬伸缩节最明显的特征是采用四根螺栓固定两头。GIS 安装好抽真空前需把四根螺栓的螺帽紧固死，使螺栓不能移动，注气好后螺栓也不能松动。另一种为硬连接伸缩改进型，把原有单螺栓连接固定改为多螺栓套接伸缩型（见图 Z42F2002-6），伸缩调节量较大，注气时应固定螺栓，安装注气完成后把每根螺杆内侧螺栓松开 1~2 圈。

2）第二种：具备温度补偿的伸缩节（见图 Z42F2002-7），它除了有第一种伸缩节的作用外，当周围的温度发生变化、GIS 产生热胀冷缩时，伸缩节可以补偿 GIS 热胀冷缩的部分。伸缩节也是采用四根螺栓固定，但螺栓的中间部分是弹簧状的，作用跟弹簧类似，可以往两头拉也可往中间挤，GIS 安装好抽真空前需把四根螺栓的螺帽紧固死，使螺栓不能移动，此时伸缩节不具备温度补偿作用，当 GIS 注气好后，需把内侧螺栓松掉，螺栓的弹簧是自由状态，当温度发生变化时，GIS 产生热胀冷缩，伸缩节就可以补偿 GIS 热胀冷缩的部分了。

图 Z42F2002-5　硬连接伸缩节

图 Z42F2002-6　多螺栓硬连接伸缩节

图 Z42F2002-7　硬连接伸缩节

【思考与练习】

1. GIS 法兰面跨接有什么规定？为什么？

2. GIS 发现气体泄漏时，如何检漏？

3. GIS 气室 SF_6 气体微水含量超标，如何处理？

第三部分

断路器安装及调整

第六章

35kV 及以下断路器安装及调整

◢ 模块 1 35kV 及以下断路器安装流程、安装方法及工艺要求（Z42G1001）

【模块描述】本模块介绍 35kV 及以下断路器安装流程、安装方法及工艺要求；通过讲解和实训，熟知 35kV 及以下断路器安装流程，掌握安装方法及工艺要求，以下着重介绍真空断路器安装流程、安装方法及工艺要求。

【模块内容】本模块以 ZW39–40.5（W）型户外高压真空断路器为例，介绍真空断路器的安装。

一、ZW39–40.5（W）型真空断路器结构原理

1. 结构及安装尺寸

ZW39–40.5（W）型户外高压交流真空断路器配用 TA10–A 弹簧操动机构，该真空断路器采用支柱式结构，三相装在一个共用的底架上，其外形尺寸见图 Z42G1001–1。主要由上、下套管组成，真空灭弧室装在上套管内，下套管为支柱，套管内有绝缘拉杆，保证带电部分对地绝缘。三相通过拐臂及相间连杆与居中布置的机构相连。

2. 动作原理

当操动机构分、合闸操作时，由传动部分（即拐臂、连杆、触头弹簧装置、绝缘拉杆等）传递给真空灭弧室进行分、合闸操作。

二、作业内容

ZW39–40.5（W）型真空断路器构支架的安装，真空断路器的整体安装、调整试验。安装流程图见图 Z42G1001–2。

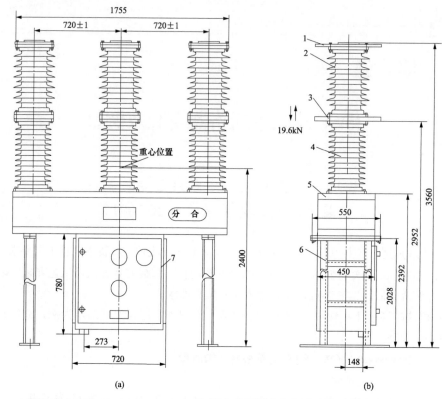

图 Z42G1001-1 ZW39-40.5（W）型户外高压真空断路器的结构和安装尺寸

（a）三相；（b）单相

1—上出线端子；2—真空灭弧室；3—下出线端子；4—支柱绝缘子；5—基座；6—构支架；7—操动机构

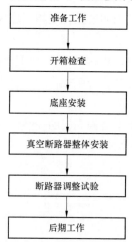

图 Z42G1001-2 35kV 及以下断路器安装流程图

三、作业中危险点分析及控制措施

作业中危险点分析及控制措施见表 Z42G1001-1。

表 Z42G1001-1　　　　　作业中危险点分析及控制措施

序号	危险点	控　制　措　施
1	高处坠落及落物伤人	（1）高处作业系好安全带；不得攀登及在瓷柱上绑扎安全带。 （2）使用的梯子应坚固完整、安放牢固，使用梯子时有人扶持。 （3）传递物件必须使用传递绳，不得上下抛掷
2	起重伤害	（1）起重作业专人指挥，信号统一、明确，吊物下严禁站人。 （2）起重工具使用前认真检查，并进行强度核验，严禁使用不合格的工具。 （3）设备必须绑扎牢固，吊物起吊后应系好拉绳，防止摆动碰伤人员
3	机械伤害	（1）严格执行一般工具的使用规定，使用前严格检查，不完整的工具禁止使用。 （2）调试断路器时专人监护，进行操作时工作人员必须离开断路器传动部位
4	其他	施工现场应保持环境整洁，设备部件、附件堆放有序，保持道路畅通。开箱板及时清理

四、作业前准备

1. 技术准备

（1）编制施工方案，施工前按工序标准和施工方案做好施工技术交底，施工人员应掌握交底内容、安装方法及标准。

（2）熟悉制造厂出厂技术文件，严格执行各类规范。

根据施工方案准备材料，见表 Z42G1001-2（一组为例），材料必须由专人负责管理，建立登记账单。

表 Z42G1001-2　　　　　户外高压真空断路器材料清单

序号	名称	规格	数量	备注
1	专用擦拭纸		若干	
2	白布带		若干	
3	记号笔		若干	
4	纱布	120 号	若干	
5	专用导电膏		若干	
6	专用润滑脂	厂家配置	若干	

2. 人员组织

技术人员，安全、质量负责人，安装、试验人员（含厂家服务人员）；起重指挥、吊机驾驶员等特殊工种人员必须持证上岗。

3. 机具准备

吊车、汽车、吊装机具（包括专用吊具），专用工具等，见表 Z42G1001-3（一组为例）。

表 **Z42G1001-3**　　　　户外高压真空断路器工器具清单

序号	名称	规格	数量	备注
1	吊车	8t	1 辆	
2	升降车	17m	1 台	
3	水准仪、经纬仪		1 台	
4	合成纤维吊带	1t 和 2t	若干	
5	游标卡尺		3 把	
6	力矩扳手	200N·m 和 400 N·m	3 套	

4. 现场布置

按照《国家电网公司输变电工程安全文明施工标准化管理办法》要求进行现场布置。

五、操作步骤、质量标准（根据不同的作业方法、特点、步骤等）

1. 安装要求

（1）安装前的各零件、组件必须检验合格。

（2）安装用的工位器具、工具必须清洁并满足装配要求。紧固件拧紧时应使用呆扳手或梅花、套筒扳手。

（3）安装顺序应遵守安装工艺规程，各元件安装的紧固件规格必须按设计规定采用。

（4）调整试验合格后应清洁抹净，各零部件的可调连接部位均应用红漆打点标记。

2. 安装作业前的开箱检查

产品到达目的地后，应将其放在干燥通风场所，不宜倒置，并尽快进行验收检查。如检查中发现异常情况应及时做好记录、报告并及时与制造厂家联系，尽快处理更换或补供。

（1）检查厂家提供的安装使用说明书、合格证、出厂试验报告、安装图纸等文件资料是否齐全，并妥善保管，不得丢失。

（2）检查零部件、附件及备件应齐全。

（3）核对产品铭牌、产品合格证中技术参数是否与订货单相符，装箱单内容是否与实物相符。

（4）打开包装箱后，产品外表面无损伤、胶装处无松动。

（5）检查断路器各紧固件是否牢靠、传动件是否灵活。

（6）填写开箱检查记录和设备验收清单。

3. ZW39–40.5（W）型真空断路器更换安装作业步骤

真空断路器出厂时其技术参数已调至最佳工作状态，整体安装时不得随意调整和分解断路器与机构的任何零部件。

安装 ZW39–40.5（W）型真空断路器固定用的构支架应符合图 Z42G1001-3 中的设计要求，其主要检查项目为：

（1）基础的中心距离及高度的误差符合设计要求。

（2）预留孔或预埋铁板中心线的误差符合设计要求。

（3）预埋螺栓中心线的误差符合设计要求。

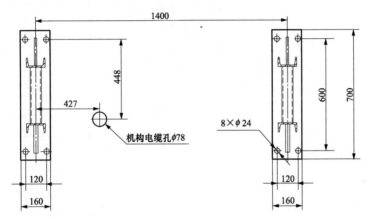

图 Z42G1001-3　ZW39–40.5（W）型真空断路器固定用的构支架安装图

4. 真空断路器的整体安装

（1）整体安装应按产品的技术规定和重量选用吊装器具、吊点及吊装程序。吊装时应注意：

1）使用吊车必须有安全检验合格证，特殊工种人员证件齐全，持证上岗。

2）吊车的使用由专人负责指挥，起重臂下严禁站人。

3）起吊物件应绑扎牢固，保证起吊点在物件的重心垂线上。

（2）其他部件安装工艺要求如下：

1）按制造厂家的部件编号和规定进行组装，不可混装。

2）所有部件的安装位置正确，并按制造厂家规定要求保持其应有的水平或垂直误差。

3）设备接线端子的接触面应平整、清洁、无氧化膜（用 120 号纱布去除，并用无毛纸擦净表面），并涂以电力复合脂；镀银部分不得搓磨、折损、表面凹陷及锈蚀。

4）传动机构箱盖主轴的轴向窜动不应大于 1.2mm，转动要灵活。

5）竖拉杆和横拉杆伸进各接头长度不应小于 19mm。

6）相间拉杆铜套内孔的槽应充满润滑脂。

7）各平行杆件无歪斜，轴同心，滚轮及轴套应无损伤。

8）检查各轴销、垫、开口销等齐全。

5. 调整试验

ZW39–40.5 型户外高压真空断路器调试标准见表 Z42G1001–4。

表 Z42G1001–4　　ZW39–40.5 型户外高压真空断路器调试标准

序号	项目		单位	标准值
1	储能电动机和机构	储能电动机在 85%和 110%额定电压下操作		可靠储能
2		合闸半轴与合闸掣子的扣接量调整	mm	1.8～2.5
3		分闸半轴和扇形板的扣接量	mm	1.8～2.5
4		保证在分闸已储能情况下扇形板 2 与分闸半轴 3 间的间隙	mm	1.5～3
5	机械操作试验	合闸绕组在 85%和 110%额定电压下操作		可靠合闸
6		分闸绕组在 65%和 120%额定电压下操作		可靠分闸
7		过电流脱扣器（若安装）在 90%～110%额定电流分闸操作		可靠分闸
8		分闸绕组在 30%额定电压下操作		不能分闸
9		额定电压下操作"分—0.3s—合分"各 10 次		动作正常
10	特性试验	触头开距	mm	25_{-2}^{0}
11		触头超程		6±1
12		触头合闸弹跳时间		≤3
13		三相合分闸不同期性	ms	≤2
14		合闸时间		≤120±10
15		分闸时间		≤50±10
16		平均合闸速度	m/s	0.8±0.2
17		平均分闸速度		2.0±0.3
18	回路电阻测量	回路电阻测量	μΩ	≤50（无 TA）
19	绝缘试验	断路器断口间施加工频电压 92kV/min		无闪络击穿
20		断路器相间、对地施加工频电压 92kV/min		无闪络击穿

6. 后期工作

（1）本体和机构安装工作结束后，应连接引线。引线连接应紧密，组装时螺钉连接牢固、可靠，导电接触面涂电力脂，螺孔内注入中性凡士林，确保接触良好。

（2）对支架、基座、连杆等铁质部件进行除锈防腐处理，对导电适当部分涂以相应的相序标志（黄、绿、红）。

（3）清点工器具，整理清扫工作现场，检查接地线。

（4）提交安装的技术文件资料，并存档保管。

六、注意事项

（1）检查真空断路器各紧固件是否牢靠、传动件是否灵活、外表是否清洁完整。

（2）检查储能电动机是否能在规定时间内范围可靠储能。

（3）检查机构机械操作（10 次）应动作可靠，分、合闸指示正确，辅助开关动作应准确可靠，触点无电弧烧损。

（4）检查电气连接是否可靠且接触良好。

（5）检查绝缘部件、瓷件应完整无损。

（6）检查油漆应完整、相色标志正确，接地良好。

（7）电气试验符合要求。

（8）提供相关的施工技术联系单、设计变更文件、会议纪要、厂家书面证明文件、关键工序质量控制卡、安装调整记录、断路器试验报告。

（9）根据实际施工，完成竣工图制作。

（10）提供施工过程的相关影像资料。

（11）提供备品备件、专用工具移交清单。

【思考与练习】

1. 真空断路器概念是什么？

2. 机械调整有哪几个步骤？

3. 工作结束有哪些资料需要存档？

◣ 模块 2　35kV 及以下断路器安装常见问题处理（Z42G1002）

【模块描述】 本模块介绍 35kV 及以下断路器安装常见问题处理；通过讲解和案例分析，掌握 35kV 及以下断路器安装常见问题的处理技能。

【模块内容】 对 35kV 及以下断路器安装过程中比较常见的问题，分析其产生的原因，介绍问题处理的方法，并通过具体案例进行分析处理。

一、35kV 及以下断路器安装常见故障、故障原因及处理方法

35kV 及以下断路器安装常见故障、故障原因及处理方法见表 Z42G1002–1。

表 Z42G1002–1   **35kV 及以下断路器安装常见故障、**

故障原因及处理方法

序号	故障现象	故障原因	处理方法
1	预埋螺栓预埋不正确	(1) 螺栓预埋过长、过短。 (2) 螺栓预埋位置不正确	(1) 按规定进行重新预埋。 (2) 按规定进行重新预埋
2	真空泡真空度降低	真空泡或真空泡内波形管的材质或制作工艺存在问题	更换真空泡,并做好行程、同期、弹跳等特性试验
3	真空断路器分闸失灵	断路器远方遥控就地手动分闸不能	分闸顶杆变形,分闸时存在卡涩现象,分闸力降低,改铜质分闸顶杆为钢质,以避免变形
4	SF$_6$ 气体密度过低,发出报警	(1) 气体密度继电器有偏差。 (2) SF$_6$ 气体泄漏。 (3) 防爆膜破裂	(1) 检查气体密度继电器的报警标准,看密度继电器是否有偏差。 (2) 检查气体填充后的记录,确认 SF$_6$ 气体是否泄漏,必要时用检漏仪检测,更换密封件和其他已损坏部件。 (3) 检查是否内部气体压力升高而使防爆膜破裂,如果确认是电弧的原因,必须更换灭弧室
5	SF$_6$ 气体微水量超标、水分含量过大	(1) 检测时,环境温度过高。 (2) 干燥剂不起作用	(1) 检测时温度是否过高,可在断路器的平均温度 +25℃时,重新检测。 (2) 检查干燥剂是否起作用,必要时更换干燥剂,抽真空,从底部充入干燥的气体
6	导电回路电阻值过大	(1) 触头连接处过热、氧化,连接件老化。 (2) 触头磨损	(1) 触头连接处过热、氧化或者连接件老化,则拆开断路器,按规定的方式清洁、润滑触头表面,重新装配断路器并检查回路电阻。 (2) 触头磨损,则对其进行更换
7	三相联动操作时相间位置偏差	(1) 操作连杆损坏。 (2) 绝缘操作杆损坏	更换损坏的操作连杆,检查各触头有无可能的机械损伤

二、35kV 及以下断路器安装故障处理案例

(1) 某变电所真空断路器安装后,发现真空泡真空度降低。真空断路器在真空泡内开断电流并进行灭弧,而真空断路器本身没有定性、定量监测真空度特性的装置,所以真空度降低故障为隐性故障,其危险程度远远大于显性故障。真空度降低将严重影响真空断路器开断过电流的能力,并导致断路器的使用寿命急剧下降,严重时会引起开关爆炸。

1) 原因分析。真空度降低的主要原因有以下几点:

a. 真空泡的材质或制作工艺存在问题,真空泡本身存在微小漏点。

b. 真空泡内波形管的材质或制作工艺存在问题,多次操作后出现漏点。

c. 分体式真空断路器,如使用电磁式操作机构的真空断路器,在操作时,由于操作连杆的距离比较大,直接影响开关的同期、弹跳、超行程等特性,使真空度降低的速度加快。

2）处理方法。

a. 对断路器加强观察，必要时使用真空测试仪对真空泡进行真空度定性测试，确保真空泡具有一定的真空度。

b. 当真空度降低时，必须更换真空泡，并做好行程、同期、弹跳等特性试验。

（2）某变电所，断路器安装调试过程中发现储能电动机运转不停止，在合闸储能不到位的情况下，若线路发生事故，而断路器拒分闸，将会导致事故越级，扩大事故范围；如储能电动机损坏，则真空开关无法实现分合闸。

1）原因分析。

a. 行程开关安装位置偏上，致使合闸弹簧储能完毕后，行程开关触点还没有进行转换，储能电机仍处于工作状态。

b. 行程开关损坏，储能电机不能停止运转。

2）处理方法。

a. 调整行程开关位置，实现电动机准确断电。

b. 如行程开关损坏，应及时更换。

（3）某变电所，断路器安装调试过程中发现分合闸不同期、弹跳数值大，此故障为隐性故障，必须通过特性测试仪的测量才能得出有关数据。如果不同期或弹跳大，都会严重影响真空断路器开断过电流的能力，影响断路器的寿命，严重时能引起断路器爆炸。由于此故障为隐性故障，所以危险程度更大。

1）原因分析。

a. 断路器本体机械性能较差，多次操作后，由于机械原因导致不同期、弹跳数值偏大。

b. 分体式断路器由于操作杆距离较大，分闸力传到触头时，各相之间存在偏差，导致不同期、弹跳数值偏大。

2）处理方法。

a. 在保证行程、超行程前提下，通过调整三相绝缘拉杆的长度使同期、弹跳测试数据在合格范围内。

b. 如果通过调整无法实现，则必须更换数据不合格相的真空泡，并重新调整到数据合格。

【思考与练习】

1. 真空断路器真空泡真空度降低的可能原因有哪些？

2. 请分析断路器储能电机运转不停止的原因？

3. 断路器安装调试过程中发现分合闸不同期、弹跳数值大，有何危害？

第七章

110kV 及以上断路器安装及调整

◢ 模块 1　110kV 及以上断路器安装流程及方法（Z42G2001）

【模块描述】本模块介绍 110kV 及以上断路器安装流程及方法；通过讲解，了解 110kV 及以上断路器安装的流程，掌握交装调整的方法，以下着重介绍 SF$_6$ 断路器安装流程及方法。

【模块内容】本模块以 3AT2 EI550kV 型户外 SF$_6$ 高压断路器为例，介绍 110kV 及以上断路器的安装。

一、3AT2 EI550kV 型断路器结构及原理

（1）3AT2 EI 型断路器是一种采用 SF$_6$ 气体作为绝缘和灭弧介质的压气式高压断路器，三相户外式设计。灭弧所需的灭弧介质压力在分闸过程中通过灭弧单元中的一个压气活塞设备形成。断路器的每一个相装有一个液压机构，以使断路器适用于单相和三相自动重合闸。

（2）绝缘支柱由大小伞绝缘子构成，由此形成对地的绝缘。绝缘支柱支撑着双断口组件，该组件由两个灭弧室、两个均压电容和传动装置组成。每个绝缘支柱都有一个液压操作机构，操作机构箱是处于大气压力下并可以通过拆除盖板进行检查，液压储能筒中的压缩氮气通过液压操作机构为断路器提供操作能量。液压操作机构通过安装在绝缘支柱内部的绝缘杆和中间驱动机构，执行灭弧室中的灭弧操作，见图 Z42G2001-1。

（3）每个断路器相由两个灭弧室构成，均压电容均匀电压分配。双断口灭弧室、传动箱、曲柄机构和绝缘支柱中充以 SF$_6$ 气体作为灭弧和绝缘介质。装于曲柄机构中的过滤物用于吸收 SF$_6$ 分解物和残余水分，在每相断路器的控制箱中有 SF$_6$ 气体密度计，压力由一压力表显示。在断路器基座上的控制箱中装有用于断路器控制和监测的设备和所需的接线端子。与操动机构箱连接的辅助开关箱中有断路器分合闸位置指示器、辅助开关和接线端子，从这里将控制线和信号线接入控制箱。

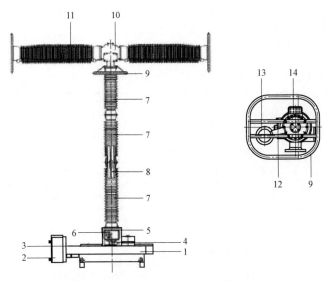

图 Z42G2001–1　3AT2 EI 型开关结构图

1—断路器机座；2—控制箱；3—液压储能筒；4—液压操作机构；5—操作机构箱；6—合分指示器；7—绝缘子；
8—操作杆；9—均压环；10—曲柄机构；11—灭弧单元；12—盖板；13—均压电容器；14—接线端子板

二、作业内容

SF$_6$断路器支架安装、SF$_6$断路器组装、SF$_6$断路器调整。安装流程见图 Z42G2001–2。

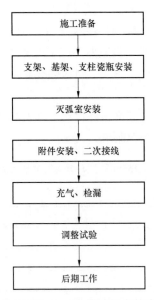

图 Z42G2001–2　SF$_6$断路器安装流程图

三、危险点分析与控制措施

作业中危险点分析及控制措施见表 Z42G2001-1。

表 Z42G2001-1 作业中危险点分析及控制措施

序号	危险点	控 制 措 施
1	高处坠落及落物伤人	(1) 高处作业系好安全带；不得攀登及在瓷柱上绑扎安全带。 (2) 使用的梯子应坚固完整、安放牢固，使用梯子时有人扶持。 (3) 传递物件必须使用传递绳，不得上下抛掷
2	起重伤害	(1) 起重作业专人指挥，信号统一、明确，吊物下严禁站人。 (2) 起重工具使用前认真检查，并进行强度核验，严禁使用不合格的工具。 (3) 设备必须绑扎牢固，吊物起吊后应系好拉绳，防止摆动碰伤人员
3	机械伤害	(1) 严格执行一般工具的使用规定，使用前严格检查，不完整的工具禁止使用。 (2) 调试断路器时有专人监护，进行操作时工作人员必须断路器传动部位
4	瓷件损伤	瓷件安装必须做好瓷件保护措施
5	气体中毒	(1) 严格遵守 SF_6 气体的管理规定，对已运行过的 SF_6 气体的处理，施工中应有防止 SF_6 有害分解物对人体造成毒害的措施。 (2) SF_6 气体的处理必须严格遵守 SF_6 气体的管理规定进行，防止泄漏造成环境污染
6	其他	施工现场应保持环境整洁，设备部件、附件堆放有序，保持道路畅通。开箱板及时清理

四、安装方法

1. 施工准备

（1）技术准备。

1）新型断路器应根据产品说明书及合同有关要求编制安装调试方案。

2）SF_6 断路器安装前，技术人员应熟悉施工设计图纸和制造厂的技术文件，按施工方案或工艺标准进行技术交底，施工人员应领会和掌握交底内容，明确断路器的参数、性能特征。

（2）材料准备。根据施工方案准备好材料，见表 Z42G2001-2（一组为例），材料必须由专人负责管理，并建立登记账单。

表 Z42G2001-2 3AT2 EI550kV 型户外 SF_6 高压断路器
安装材料清单

序号	名称	规格	数量	备注
1	无水酒精（分析纯）		若干	
2	丙酮		若干	
3	专用擦拭纸		若干	
4	白布带		若干	

续表

序号	名称	规格	数量	备注
5	记号笔		若干	
6	专用砂纸		若干	厂家配送
7	专用导电润滑脂		若干	

（3）人员组织。技术人员，安全、质量负责人，安装、试验人员（含厂家服务人员）；起重指挥、吊机驾驶员等特殊工种人员必须持证上岗。

（4）机具准备。吊车、汽车、吊装机具（包括专用吊具），专用工具、真空注气设备、SF_6 气体微水测量仪、检漏仪等见表 Z42G2001-3（一组为例）。

表 Z42G2001-3　　户外 SF_6 高压断路器安装工器具清单

序号	名称	规格	数量	备注
1	吊车	25t	1 辆	
2	SF_6 气体回收装置	可移动（液压储气罐）	1 台	
3	升降车	升降高度 17m	1 台	
4	SF_6 补气小车		1 辆	
5	SF_6 充气软管		1 套	
6	真空泵（带电磁阀）	3000m³/h	1 台	
7	水准仪、经纬仪		1 台	
8	检漏仪		1 套	
9	合成纤维吊带		若干	
10	厂家专用吊件		1 套	
11	绝缘电阻表		1 只	
12	游标卡尺		1 把	
13	力矩扳手		1 套	
14	卷尺		1 套	
15	铅锤		1 套	
16	U 形吊环	10t	4 只	
17	吊环螺钉		若干	

（5）现场布置。按照《国家电网公司输变电工程安全文明施工标准化管理办法》要求进行现场布置。

1）工器具使用专用工具台进行摆放见图 Z42G2001-3。

2）绝缘子、均压电容器等瓷件堆放使用专用支架见图 Z42G2001-4。

图 Z42G2001-3 专用工具台   图 Z42G2001-4 绝缘子放置专用架

3）吊装区域必须进行安全隔离，并放置起重作业区的标识牌。

2. SF$_6$ 断路器支架及支持绝缘子安装

（1）地脚螺栓预埋：用水准仪测量开关基础，按设计及厂家要求预埋好断路器的地脚螺栓（每相 4 只）。

（2）支架柱安装：支架应按制造厂家技术说明书要求进行组装，组装后的支架应校正水平，并用规定的力矩紧固螺栓连接件。

（3）基架吊装（包含操作机构）：断路器基架按制造厂家编号及标志进行组装，吊装方式见图 Z42G2001-5。

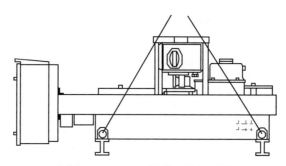

图 Z42G2001-5 断路器基架吊装

（4）支柱绝缘子安装。

1）拆除极座上的顶罩，拿掉装着干燥剂的纸袋，清洁极座并涂上润滑剂。

2）根据产品技术说明书要求，按制造厂编号及标志进行组装，组装用的螺栓、密封垫、密封脂、清洁剂和润滑脂等材料的规格和数量必须符合产品的技术规定。

3）将定位板插在 SF_6 连接点气管一侧的两个螺纹孔内，旋入三根作为安装助件的支撑杆，使绝缘子可以稳定地安放在上面。将新的圆形密封圈放入槽内，利用手动装置调节传动杆至合适的安装高度。通过起重机利用合适的传动装置垂直吊起绝缘子，放在支撑杆上拧紧，见图 Z42G2001-6。

4）在支柱绝缘子内装入对中心的导向装置，对中心环和密封环；从操作杆两端取下运输用的保护塞，并从螺栓取下保护盖，将操作杆作标记的一端向下插入对中心导向装置与支柱绝缘子中，一直到底落在驱动杆上为止，用组装表计调整操作杆，保证操作杆上的导向环不会被中心导向装置向上推起，分阶段地对称紧固螺栓，一直达到额定的拧紧矩为止；连接操作杆后，向上起吊支柱绝缘子少许并取下间隔棒，落下支柱绝缘子并用螺栓将它固定在极支座上。见图 Z42G2001-7。

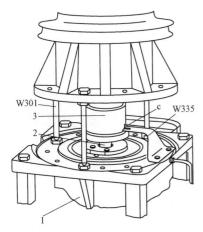

图 Z42G2001-6　支持绝缘子安装

1—驱动装置；2—驱动杆；3—操作杆；W 335—定位板；
W 301—支撑板；c—操作杆上的标志

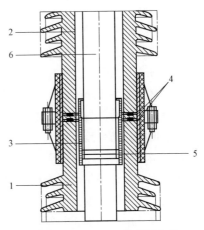

图 Z42G2001-7　操作杆安装

1—绝缘子；2—绝缘子；3—定心套筒；
4—圆形密封圈；5—导向环；6—操作杆

5）操作杆的调整。用专用工具将操作杆转到断开状态（操作杆的最低位置，使操作杆与上部支柱绝缘子的法兰面间的距离必须调整至 ±0.25mm，必要时需在操作杆法兰上加补偿垫片。见图 Z42G2001-8。

3. 灭弧室安装

（1）灭弧室现场检查整体组装。为了断路器的运输，将均压电容从灭弧室上拆下，在安装双断口灭弧室之前要找出与灭弧室同样编号的均压电容重新装上，并相应地安装断路器装配的均压环。拧开曲柄驱动箱上的安装盖取出装着干燥剂的纸袋。见图 Z42G2001-9。

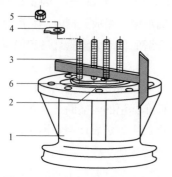

图 Z42G2001-8　操作杆调整

1—绝缘子；2—操作杆；3—光杆螺栓；

4—止动垫片；5—六角螺母；6—补偿垫片

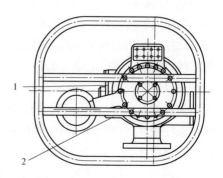

图 Z42G2001-9　灭弧室组装

1—曲柄驱动装箱；2—安装盖

（2）灭弧室内部组装。将连杆 7 从耦合杆 5 及等臂杆 4 松开，见图 Z42G2001-10 和图 Z42G2001-11，从机构箱中取出带连杆的十字叉头 6，将十字叉头穿过四根光杆螺栓放置在操作杆法兰上，在加入止动垫片之后用螺母拧紧，拧紧力矩为 70N·m。清洁定心环 1 后涂上润滑脂，加上圆形密封圈 2 后放在绝缘子上。在放置双断口灭弧室带安装完的绝缘支柱上去之前，必须先套上均压环 11 口灭弧室小心地放置在绝缘支柱上，期间注意将带连杆的十字叉头引入驱动箱，双断口灭弧室同样拧紧。

（3）选择合适的吊装器具（一般使用吊带），按产品技术规定的吊点及吊装程序将灭弧室安装于支柱绝缘子上面，按产品技术规定进行机械连接和气管连接。注意将带连杆的十字叉头引入驱动箱。双断口灭弧室用 M16×80 的六角螺栓以及 M16 的螺栓的螺母连接，用手动操作装置将操作杆慢慢向着"合闸"位置提高，直至等臂杆可以和耦合杆 6 及连杆 1 合时停止，插入耦合销 2 用开尾销 3 固定。换上一只新的圆形密封圈后拧紧盖板，拧紧力矩为 170N·m，拆除手动操作装置。

（4）将每个驱动箱法兰上 3 只 M16 的六角螺母逐一松开，卸下吊装板后重新拧紧螺母，吊装板保存以便以后使用。

4. 附件安装、二次接线

（1）吸附剂安装：吸附剂必须避免与空气中的水分接触，因此不允许超过 2h 直接暴露在空气中。断路器安装完毕后，在抽真空和极柱充气之前安装吸附剂，按要求在过滤器中装入吸附剂。

（2）密度继电器的安装：应按产品技术说明书要求安装到规定的位置。

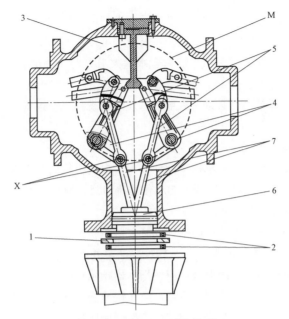

图 Z42G2001–10　曲柄机构

1—定心环；2—圆形密封圈；3—曲柄机构；4—等臂杆；5—耦合杆；
6—十字叉头；7—连杆；M—安装区；X—耦合部分

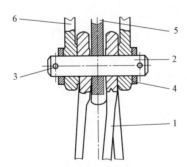

图 Z42G2001–11　耦合部分

1—连杆；2—耦合销；3—开尾销；4—垫片；5—等臂杆；6—耦合杆

（3）气体管路和动力的安装：要求管路密封良好，走线美观，弯曲半径符合规定。现场制作的命令管宜基本等长，以保证断路器动作的同步性。

（4）其他附件的安装应符合产品说明书和设计文件的要求。

（5）电缆敷设和二次接线及屏蔽接地应符合产品说明书和设计文件的要求。

5. 充气、检漏

（1）断路器本体安装就位后，应及时充气、检漏，见图 Z42F1001–7。充气、检漏工艺一般按制造厂家的技术文件规定执行。当制造厂家对带气运输的部件气体处理有要求时，按制造厂家规定执行。当无要求时，可按下面规定执行：气体含水量小于150μL/L（ppm）时，可直接充气；气体含水量大于等于 150μL/L（ppm）时，宜抽真空再充气。真空度及真空保持时间按制造厂的技术文件规定执行。

（2）断路器本体抽真空必须有人监视，及时处理抽真空过程中的异常情况。充入断路器的气体压力应符合制造厂家规定。

6. 断路器的调整规定

（1）检查操作机构元件：机构零部件齐全，电动机转向应正确，各接触器、继电器、微动开关、压力开关和辅助开关的动作准确可靠，触点接触良好，无烧损，分合闸绕组铁芯动作灵活、无卡阻。

（2）辅助开关检查：安装牢固；辅助开关触点转换灵活、切换可靠、性能稳定；辅助开关与机构间的连接应松紧适当、转换灵活，并满足通电时间要求。

（3）断路器位置指示器的调整：应使指示器指示正确。

（4）具有慢分、慢合功能的断路器，应在快速操作前进行慢分、慢合操作。

（5）具有其他功能的断路器的调整：应按制造厂规定进行调整。

7. 后期工作

（1）对断路器外观进行检查、清洁。

（2）做好断路器及机构的接地工作。

（3）检查液压、气压管路有无漏油、漏气现象。

（4）清理施工工器具、归库。

（5）工作结束后及时完成安装记录。

【思考与练习】

1. SF$_6$断路器安装流程是什么？

2. 灭弧室安装有哪些要求？

3. 充气有哪些要求？

▲ 模块 2 110kV 及以上断路器安装工艺要求及验评方法（Z42G2002）

【模块描述】本模块介绍 110kV 及以上断路器安装工艺要求；通过讲解和工艺介绍，熟知 110kV 及以上断路器安装工艺要求。

【模块内容】介绍 110kV 及以上断路器安装过程中每道工序的工艺要求和验收的要点。

一、工艺要求

（1）SF$_6$ 断路器土建基础及预埋螺栓，应符合以下要求：

1）断路器基础表面必须找平，基础中心距离误差不应大于 10mm，高低不大于 1mm；断路器底板与基础表面间隙不大于 1mm，见图 Z42G2002–1。

2）预埋孔或预埋铁板中心线的误差不应大于 10mm。

3）根据产品技术要求和设计要求预埋地脚螺栓，为保证 SF$_6$ 断路器底脚螺栓预埋时尺寸误差小，预埋时应使用双层支架，预埋螺栓中心线误差不应大于 2mm。见图 Z42G2002–2。

图 Z42G2002–1 螺栓预埋   图 Z42G2002–2 预埋地脚螺栓施工图

4）注意操作平台及操动机构的高度，考虑运行人员操作的可行性。

（2）设备运抵现场后，应及时组织开箱检查、接收。设备的检查、接收应符合下列规定：

1）断路器铭牌参数及性能特征与设计要求必须一致。

2）设备包装应完好无破损，零件、专用工具、备品备件应符合要求，完好无损。

3）绝缘件应无变形、受潮、裂纹和剥落。瓷件表面应光滑、无裂纹和缺损，铸件应无砂眼。

4）出厂充有 SF$_6$ 气体的部件，应记录 SF$_6$ 气体的压力，气体压力值应符合产品的技术规定，在保管和安装过程中，根据制造厂家的技术规定进行处理。

5）出厂技术资料应齐全，核对产品规格应符合设计要求。

6）设备开箱检查完毕，应按规定进行接收。接收的设备应妥善保管，瓷件应有防倾倒、互相碰撞和遭受外界危害的措施，绝缘部件、专用材料、专用工具、备品备件等应置于干燥的室内保管。

7）及时做好设备的开箱记录和签证工作。

（3）支架柱安装要求。支架应按制造厂家技术说明书要求进行组装，组装后的支架应校正水平，各支柱中心线间距离的误差不应大于 5mm，相间中心距离的误差不应大于 5mm，垂直误差不超过 1‰H（H 为断路器总高度），并用规定的力矩紧固螺栓连接件。

（4）支柱绝缘子安装应符合以下规定：

1）支柱绝缘子表面应光滑无裂纹缺损，绝缘子与法兰的结合面应牢固，法兰结合面应平整，无外伤和铸造砂眼。

2）对于制造厂家已整体组装好的断路器绝缘支柱，采用抬吊法将绝缘支柱吊起后安装于断路器支柱架上。

3）对于需在现场组装的断路器绝缘支柱，应根据产品技术说明书要求，按制造厂家编号及标志进行组装，组装用的螺栓、密封垫、密封脂、清洁剂和润滑脂等材料的规格和数量必须符合产品的技术规定，绝缘拉杆表面应无裂纹、无剥落、无破损，端部连接应牢固可靠。

（5）灭弧室安装。

1）灭弧室瓷件表面应光滑无裂纹、无缺损，瓷件与法兰的结合面应牢固，法兰结合面应平整，无外伤和铸造砂眼。

2）灭弧室现场检查组装必须选择无风沙、无雨雪、空气湿度小于 80% 的天气进行施工，施工时还应采取适当的防尘、防潮措施。

3）内部安装吸附剂的灭弧室，吸附剂的安装应按产品的技术规定执行。

图 Z42G2002-3 吊装器具施工图

4）均压电容器、合闸电阻器在地面与灭弧室统一组装后进行安装，当制造厂家有安装作业指导书时，按制造厂家安装作业指导书进行施工。

5）选择合适的吊装器具，按产品技术规定的吊点及吊装程序将灭弧室安装于支柱绝缘子上面，按产品技术规定进行机械连接和气管连接。见图 Z42G2002-3。

6）用力矩扳手按规定的力矩紧固安装螺栓，如厂家无规定时力矩值应符合相关规定。

（6）操动机构的安装。

1）断路器操动机构的安装按 GB 50147—2010 的有关要求执行。

2）按产品技术规定要求将操作机构安装于地脚螺栓或本体上，要求安装牢固、平直。

3）操动机构的零部件应齐全，各转动部分应涂以适合当地气候条件的润滑脂。

4）分合闸绕组的铁芯应动作灵活、无卡阻。

5）加热装置及控制装置的绝缘应良好。

（7）附件安装、二次接线。

1）密度继电器的安装，应按产品技术说明书要求安装到规定的位置。

2）气体管路和动力的安装，要求管路密封良好，走线美观，弯曲半径符合规定。现场制作的命令管宜基本等长，以保证断路器动作的同步性。

3）其他附件的安装应符合产品说明书和设计文件的要求。

4）电缆敷设和二次接线及屏蔽接地应符合产品说明书和设计文件的要求。

（8）充气、检漏。

1）断路器本体安装就位后，应及时充气、检漏。充气、检漏工艺一般按制造厂家的技术文件规定执行。当制造厂家对带气运输的部件气体处理有要求时，按制造厂家规定执行。当无要求时，可按下面规定执行：气体含水量<150μL/L（ppm）时，可直接充气；气体含水量≥150μL/L（ppm）时，宜抽真空再充气。真空度及真空保持时间按制造厂家的技术文件规定执行。

2）断路器本体抽真空必须有人监视，及时处理抽真空过程中的异常情况。充入断路器的气体压力符合制造厂家规定。

3）充气 24h 后，可对断路器进行检漏，通常检漏部位为连接法兰、气管接头、气体压力表等处。现场可根据实际情况进行定量或定性检漏。

（9）断路器的调整应符合下列规定：

1）对有行程调整要求的断路器，现场应检查其行程和超程，其数值应符合厂家技术文件的规定。

2）操作机构动作压力值的调整：应符合制造厂家技术文件的规定，压力触点接触良好，绝缘良好。

3）断路器辅助开关触点的调整：应接触良好，动作可靠，切换灵活，逻辑正确。

4）断路器位置指示器的调整：应使指示器指示正确。

5）具有慢分、慢合功能的断路器，应在快速操作前，进行慢分、慢合操作。

6）具有其他功能的断路器的调整：应按制造厂规定进行调整。

二、质量验收

（1）提供相关的施工技术联系单、设计变更文件、会议纪要、厂家书面证明文件，关键工序质量控制卡、安装调整记录、SF$_6$检测报告、断路器试验报告。

（2）施工应在服务人员的指导下按厂家说明书、技术合同等进行。

（3）安装过程中螺栓的紧固力矩值如下：

1）螺栓的紧固力矩值见表 Z42F1001-4。

2）液压管螺纹接头紧固力矩值见表 Z42F1001-6。

（4）做好各关键工序的质量检查、控制。

（5）厂家现场服务期间，认真做好施工日志并做好签证工作。

（6）安装结束后，控制箱加热器必须投入运行，以防控制箱内部受潮。

（7）提供施工过程的相关影像资料。

（8）提供备品备件、专用工具移交清单。

【思考与练习】

1. 保证地脚螺栓预埋正确的措施有哪些？

2. 支架安装有哪些要求？

3. 断路器调整应符合哪些规定？

▲ 模块 3　110kV 及以上断路器安装常见问题处理（Z42G2003）

【模块描述】本模块介绍 110kV 及以上断路器安装常见问题处理；通过讲解和案例分析，掌握 110kV 及以上断路器安装常见问题的处理技能。

【模块内容】对 110kV 及以上断路器安装过程中比较常见的问题，分析其产生的原因，介绍问题处理的方法，并通过具体案例进行分析处理。

一、110kV 及以上断路器安装常见故障、故障原因及处理方法

110kV 及以上断路器安装常见故障、故障原因及处理方法见表 Z42G2003-1。

表 Z42G2003-1　　　　110kV 及以上断路器安装常见故障、

故障原因及处理方法

故障现象	故障原因	处理方法
预埋螺栓预埋不正确	（1）螺栓预埋过长、过短。 （2）螺栓预埋位置不正确	（1）按规定进行重新预埋。 （2）按规定进行重新预埋
设备安装错误	相位安装错误	严格按照制造厂要求进行组装
固定密封处渗漏油	支柱绝缘子、手孔盖等处的橡皮垫老化	安装前严格检查所有橡皮垫，防止有老化橡皮垫进行安装，对已老化的橡皮垫进行更换

故障现象	故障原因	处理方法
SF_6 气体密度过低，发出报警	（1）气体密度继电器有偏差。 （2）SF_6 气体泄漏。 （3）防爆膜破裂	（1）检查气体密度继电器的报警标准，看密度继电器是否有偏差。 （2）检查气体填充后的记录，确认 SF_6 气体是否泄漏，必要时用检漏仪检测，更换密封件和其他已损坏部件。 （3）检查是否内部气体压力升高而使防爆膜破裂，如果确认是电弧的原因，必须更换灭弧室
SF_6 气体微水量超标、水分含量过大	（1）检测时，环境温度过高。 （2）干燥剂不起作用	（1）检测时温度是否过高，可在断路器的平均温度 +25℃时，重新检测。 （2）检查干燥剂是否起作用，必要时更换干燥剂，抽真空，从底部充入干燥的气体
导电回路电阻值过大	（1）触头连接处过热、氧化，连接件老化。 （2）触头磨损	（1）触头连接处过热、氧化或者连接件老化，则拆开断路器，按规定的方式清洁、润滑触头表面，重新装配断路器并检查回路电阻。 （2）触头磨损，则对其进行更换
三相联动操作时相间位置偏差	（1）操作连杆损坏。 （2）绝缘操作杆损坏	更换损坏的操作连杆，检查各触头有无可能的机械损伤

二、110kV 及以上断路器安装故障处理案例

某变电所断路器安装结束后，对断路器 SF_6 气体进行微水试验时，发现微水含量超标。

（1）原因分析。

1）SF_6 新气不合格；注气时环境湿度大于规定值。

2）吸附剂安装前干燥不彻底或干燥后存放时间过长，导致吸附剂受潮。

3）断路器注气前未进行真空处理或处理时间不够。

4）断路器密封不好使潮气侵入。

（2）处理方法。

1）充气前对 SF_6 钢瓶新气进行微水试验，合格后注入断路器。

2）断路器内吸附剂进行检查，清洁干燥、更换等方法。

3）重新进行抽真空干燥处理和密封面检漏、处理。

4）注入合格的 SF_6 新气。

【思考与练习】

1. 断路器在安装后发现 SF_6 气体微水超标，如何处理？

2. 液压机构的断路器在运行中，液压回路中为何会有气体？

3. 如何判断断路器安装方向？

第四部分

隔离开关安装及调整

第八章

35kV 及以下隔离开关安装及调整

◢ 模块 1　35kV 及以下隔离开关安装流程、安装方法（Z42H1001 Ⅰ）

【模块描述】本模块包含 35kV 及以下隔离开关安装流程、安装方法；通过讲解和实训，熟知安装流程，掌握安装调整方法。

【模块内容】本模块以 GN19–10 型、GW4–35 型隔离开关安装为例，介绍隔离开关安装过程中的危险点及控制措施，重点讲解 GN19–10 型、GW4–35 型隔离开关安装方法，掌握隔离开关的安装方法以及质量控制措施。

一、35kV 及以下隔离开关安装流程

35kV 及以下隔离开关安装流程见图 Z42H1001 Ⅰ–1。

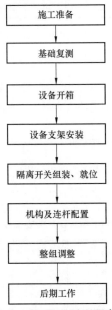

图 Z42H1001 Ⅰ–1　35kV 及以下隔离开关安装流程

二、35kV 及以下隔离开关安装方法

（一）作业内容

35kV 及以下隔离开关安装主要包括施工准备，基础复测，设备开箱清点、整理，设备支架安装，隔离开关组装、清洗、就位，机构及连杆配置以及隔离开关整组调整。

（二）危险点分析及安全控制措施

作业中危险点分析及控制措施见表 Z42H1001Ⅰ-1。

表 Z42H1001Ⅰ-1　　　　　作业中危险点分析及控制措施

序号	危险点	控制措施
1	高处坠落及落物伤人	（1）高处作业系好安全带，不得攀爬瓷件。 （2）使用的检修平台或梯子应坚固完整、安放牢固，使用梯子时有人扶持。 （3）传递物件必须使用传递绳，不得上下抛掷
2	起重伤害	（1）吊装隔离开关有专人指挥、吊臂下严禁站人。 （2）起重工具使用前认真检查，严禁使用不合格的工具。 （3）设备起吊后应系好拉绳，防止摆动碰伤人员
3	机械伤害	（1）严格执行工具使用规定，使用前严格检查。 （2）调试隔离开关时应有专人监护，进行操作时工作人员必须离开隔离开关传动部位
4	触电伤害 （扩建变电所）	（1）搬动梯子等长物体时，需两人放倒搬运，与带电部位保持足够的安全距离。 （2）使用电动工具时，按规定接入漏电保护装置、接地线
5	误入带电间隔 （扩建变电所）	（1）工作前向作业人员交代清楚临近带电设备，并加强监护。 （2）工作人员应走指定通道，在遮栏内工作，不得移动和跨越遮栏

（三）施工准备

1. 技术准备

（1）制造厂家技术文件如说明书、试验报告、图纸等应齐备。

（2）安装人员应熟悉施工设计图纸和制造厂家技术文件，掌握隔离开关的参数、性能特征。

2. 材料准备

根据施工图纸和材料清册核定隔离开关安装所用材料的数量和规格。35kV 及以下隔离开关安装通常需要的材料见表 Z42H1001Ⅰ-2（一组为例）。

表 Z42H1001Ⅰ-2　　　　35kV 及以下隔离开关安装材料清单

序号	名称	数量	备注
1	白布	2块	
2	金相砂布	2张	

续表

序号	名称	数量	备注
3	电力复合脂	1 支	
4	酒精	2 瓶	
5	中性凡士林	1 罐	
6	二硫化钼	1 罐	制造厂家有特殊要求，按制造厂家要求使用
7	电焊条	5kg	
8	防锈漆	1 桶	
9	面漆	1 桶	根据设计要求
10	相位漆	各 1 桶	黄色、绿色、红色、黑色、兰

3. 工器具准备

35kV 及以下隔离开关安装通常需要的工器具见表 Z42H1001Ⅰ–3（一组为例）。

表 Z42H1001Ⅰ–3　　35kV 及以下隔离开关安装工器具清单

序号	名称	数量	规格	备注
1	吊车、链条葫芦	1	8t、2t	
2	电焊机	1 台		
3	水准仪	1 台		
4	经纬仪	1 台		
5	梯子	2 把	7 挡	
6	扭力扳手	1 把	0～400N·m	按安装螺栓规格配置
7	呆扳手	2 套		
8	吊带	2 根	2t	
9	安全带	2 副		
10	塞尺	1 把	0.05mm×10mm	
11	锉刀	1 把	细锉	
12	毛刷	6 把	2 寸	
13	水平尺	1 把		
14	铅锤	1 只		

4. 人员组织

应配备安全员、质量员、安装负责人、安装人员，起重司索、起重指挥、测工、电焊工等，相关人员及特殊工种人员必须持证上岗。

5. 现场布置

按照《国家电网公司输变电工程安全文明施工标准化管理办法》要求进行现场布置。35kV 及以下隔离开关安装前设备、材料、工器具应在指定位置统一堆放。

（四）基础复测

复测基础的标高、轴线及杯口符合设计及有关标准，设备支柱接地极朝向一致。

（五）设备开箱

（1）开箱前检查设备包装箱外观是否完好。

（2）按照装箱单检查零部件及附件、备件是否齐全。

（3）检查铭牌数据是否与设计文件一致。

（4）检查产品外表面有无损伤，检查每只绝缘子是否有破损、胶合部位是否松动。

（5）检查各紧固件是否牢固。

（6）检查接线端子及载流部件是否清洁、接触是否良好。

（7）检查制造厂家技术文件是否齐全。

（8）检查底座安装孔尺寸是否与设计图纸相符。

（六）设备支架安装

（1）校正、找平隔离开关设备杆。

（2）安装隔离开关支架铁件。

（七）隔离开关组装、就位

1. GN19–10 型隔离开关组装、就位

（1）拆洗隔离开关转动部位，并涂以适应当地气候的润滑脂，确保转动灵活，没有卡涩现象。

（2）检查隔离开关触头，触头镀银层无脱落，触指弹簧良好，清洗后加涂中性凡士林。

（3）清洁接线端子及载流部位，接触面良好，载流部位无夹渣、气孔、裂纹。

（4）按照设计图纸将隔离开关安装在墙上或钢构架上，见图 Z42H1001 I –2，图中的 a、b 为安装尺寸。

（5）单侧墙上安装的隔离开关，应预埋好地脚螺栓。墙两侧安装的隔离开关，可共用双头螺栓，但必须保证拆除单侧隔离开关后，不影响另一侧隔离开关的固定。

（6）户内隔离开关可以立装、斜装或卧装，但安装位置应使闸刀打开时，趋向下方。隔离开关安装高度应满足手动操作要求，一般为 2.5～10m，操动机构的安装高度一般为 1～1.3m。

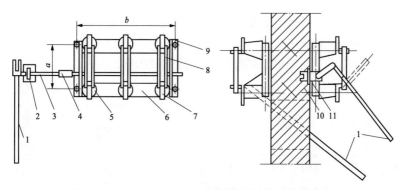

图 Z42H1001 I -2　　装于间隔墙两侧的隔离开关图

1—操作连杆；2—支持轴承；3—延长轴；4—连轴套；5—隔离开关支持绝缘子；6—底板；
7—静触头；8—触刀；9—开关静触头；10—埋入墙里的双头螺栓；11—预埋铁件

2. GW4-35 型隔离开关组装、就位

（1）隔离开关转动部分应拆洗干净，并应涂以适应当地气候的润滑脂薄层，确保转动灵活，没有卡阻现象。

（2）隔离开关的触头应进行检查，触头镀银层应无脱落，并具有弹力，清洗后加涂中性凡士林。

（3）接线端子及载流部分应清洁，且接触面良好，仔细检查载流部位处有无夹渣、气孔、裂纹。

（4）当所组装的隔离开关部件有下列缺陷时（见表 Z42H1001 I -4），部件必须处理后方可进行组装。

表 Z42H1001 I -4　　　　　　　缺陷形式与处理方法

序号	缺陷形式	处理方法
1	底座转动部分卡阻、不灵活	拆洗、加润滑油
2	静触头触指弹性差，排列不齐	调整或更换
3	主要电气回路元件接触部位氧化	除去氧化层并清洗，加电力复合脂，转动部分加中性凡士林
4	操动机构内有机械锈蚀及电气元件受潮	机械部分除去锈蚀进行清洗或更换，电气元件进行干燥处理或更换
5	导电杆变形	轻微的予以校正，导电杆弯曲度不超过 1.5/1000L，变形严重的需更换
6	辅助触点动作不可靠	调整

注　导电元件接触部位氧化膜处理时，只能使用金相砂皮，镀银触头清洗时，不得使用砂皮，以免破坏表面的镀银层。

（5）依次将隔离开关吊装至底座支架上，调整三相平行度误差不超过 3mm，三相底座水平度差不超过 3mm。

GW4-35 型隔离开关结构及安装尺寸图见图 Z42H1001Ⅰ-3。

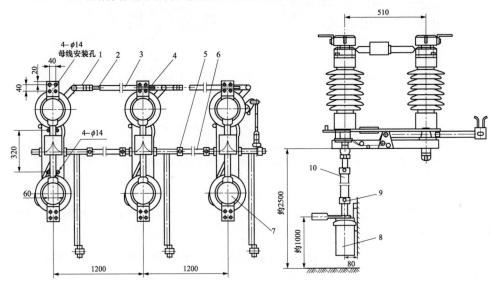

图 Z42H1001Ⅰ-3　GW4-35 型隔离开关结构及安装尺寸图

1—接头及开口销；2—螺杆及 M16 螺母；3—主刀闸水平连杆；4—螺杆；5—连接套；6—接地刀闸水平连杆；
7—单相隔离开关；8—手力操动机构；9—连接套；10—机构垂直连杆

（八）机构及连杆配置

1. GN19-10 型隔离开关机构及连杆配置

（1）安装操动机构和制作连杆，调整连杆长短，保证隔离开关合、分闸时带电部位符合安全净距要求。

（2）配置连杆应先点焊，待调整到位后再满焊。需要配制延长轴、支持轴承、联轴器及拐臂等其他传动部件时，安装位置要准确可靠。

2. GW4-35 型隔离开关机构及连杆配置

（1）先调整机构安装相隔离开关（一般为 B 相），使其分合闸位置满足产品技术规范要求。

（2）隔离开关的机构宜采用专用支架进行配置。

（3）使用铅锤调整隔离开关本体主传动轴与机构传动轴的同心度，确保轴线同心。

（4）操动机构的安装高度符合设计要求，安装电动操动机构时，应考虑拆除专用支架后机构因自重下坠产生的误差。

（5）配置垂直连杆应先进行校正，确保弯曲度<1/1000H（H 为垂直连杆长度）。

连接方式通常有法兰连接、圆锥销连接和焊接三种。

1）法兰连接：法兰面应平整，法兰焊接时端面与连杆应保持垂直。

2）焊接：连杆的内径应与操动机构轴的直径相配合，两者间的间隙不应大于 1mm，连杆与传动轴四周间隙调整均匀后，先采用点焊固定，再进行均匀焊接，焊接电流不宜太大，以防局部过热变形。

3）圆锥销连接：连杆的内径应与操动机构轴的直径配合紧密，连杆一般由制造厂家提供，圆锥销规格与数量应符合产品说明书的要求，销子不得松动，也不得焊死，圆锥销两头外露均匀，且不小于 3mm，若制造厂家有特殊说明的，按照制造厂家技术要求进行。

（6）配置水平连杆，确保三相水平传动轴同心，固定隔离开关本体。

（九）整组调整

1. GN19-10 型隔离开关整组调整

当隔离开关及操动机构安装后，应进行联合调整，满足分、合闸要求。

（1）辅助开关的调整。辅助开关固定后，配制操作手柄与辅助开关的连杆。调整连杆角度及长度，使分闸信号在触刀完成 75%行程时触发，合闸信号在动、静触头闭合时触发，见图 Z42H1001Ⅰ-4；确保隔离开关分、合闸到位，将分合闸限位螺栓调整到位。

（2）调整隔离开关三相同期，通过调整触头中间支持绝缘子的高度，使同期程度不超过 3mm。

（3）调整触头两边弹簧的压力，使接触符合要求。用 0.05mm×10mm 的塞尺检查，线接触的塞不进去，面接触的塞入深度不超过 6mm。

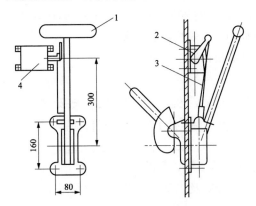

图 Z42H1001Ⅰ-4　CS6-1T 型操动机构及辅助触点

1—手柄；2—辅助触点转臂；3—连杆；4—辅助触点

（4）测试接触电阻符合要求，通常不大于 80μΩ。

（5）用 2500V 绝缘电阻表测量绝缘子的绝缘电阻，应大于 1200MΩ。

（6）隔离开关调试完成，连接导线，底座接地，进行几次试操作，各项参数符合要求，最后用圆锥销永久固定转轴和拐臂。

2. GW–35 型隔离开关整组调整

（1）将隔离开关本体和机构调整至合闸位置，紧固垂直连杆，确保带电部位安全净距满足要求。

（2）将隔离开关三相调整至合闸位置，连上水平连杆，水平连杆连接方式和垂直连杆相同。调节水平连杆使三相同步，三相同期值应符合产品技术规定（无规定时，同期值≤5mm）。

（3）隔离开关手动调整完毕，紧固螺栓、拐臂等转动部位，涂抹润滑脂。

（4）电动调试隔离开关，合闸时触头间的相对位置、备用行程和分闸时触头间的净距或打开角度符合产品的技术规定。

（5）隔离开关的机械闭锁、电气闭锁、逻辑闭锁应满足要求。

（十）后期工作

（1）设备接地。

（2）检查所有螺栓，清洁设备表面。

（3）配合完成电气交接试验。

（4）相位标识正确。

（5）清理施工现场。

【思考与练习】

1. 35kV 及以下隔离开关安装中主要使用的工器具有哪些？

2. 隔离开关设备杆制作、安装要求有哪些？

3. 如何配置隔离开关机构箱？

◢ 模块 2 35kV 及以下隔离开关安装工艺要求及常见问题处理（Z42H1001 Ⅱ）

【模块描述】本模块包含 35kV 及以下隔离开关工艺要求及常见问题处理；通过讲解和案例分析，熟知 35kV 及以下隔离开关安装流程，掌握安装调整方法及工艺要求。

【模块内容】本模块主要讲解 35kV 及以下隔离开关安装工艺要求以及常见问题处理。通过学习，掌握 35kV 及以下隔离开关安装过程中遇到问题的解决方法。

一、35kV 以下隔离开关工艺要求

（1）设备支架安装后的要求：标高偏差≤5mm，垂直度偏差≤5mm，相间轴线偏差≤10mm，本相间距偏差≤5mm，顶面水平度偏差≤2mm。

（2）设备底座连接螺栓应紧固，同相绝缘子支柱中心线应在同一垂直平面内，同组隔离开关应在同一直线上，偏差≤5mm。

（3）导线部分的软连接需可靠，无折损。

（4）接线端子应清洁、平整，并涂有电力复合脂。

（5）操动机构安装牢固，固定支架工艺美观，机构轴线与底座轴线重合，偏差≤1mm，同一轴线上的操动机构安装位置应一致。

（6）电缆排列整齐、美观，固定与防护措施可靠。

（7）设备底座与机构箱接地牢固，导通良好。

（8）操作灵活，触头接触可靠，闭锁正确。

（9）操动机构、传动装置、辅助开关及闭锁装置应安装牢固，动作灵活可靠，位置指示正确。

（10）隔离开关过死点，动、静触头相对位置，备用行程及动触头状态，应符合产品技术文件要求。

（11）合闸时三相同期值应符合产品的技术规定。

（12）垂直连杆应用软铜线接地。

（13）接地引线符合规范要求，相位标识清晰、正确。

二、35kV 及以下隔离开关安装过程常见问题处理

35kV 及以下隔离开关安装过程中常见的问题有以下几种：隔离开关拒动或分、合闸不到位，接触电阻值偏大，控制回路故障，加热回路故障，二次回路绝缘降低。故障原因和处理方法见表 Z42H1001Ⅱ-1。

表 Z42H1001Ⅱ-1 故 障 和 处 理 方 法

序号	故障现象	故障原因	处理方法
1	隔离开关拒动或分、合闸不到位	隔离开关设备支架安装的标高偏差、垂直度偏差、相间轴线偏差、本相间距偏差、顶面水平度偏差中的一项或多项超过规程要求	设备支架安装后的要求：标高偏差≤5mm，垂直度偏差≤5mm，相间轴线偏差≤10mm，本相间距偏差≤5mm，顶面水平度偏差≤2mm
		连杆、拐臂、传动轴等传动部位润滑干涩、机构箱卡涩	安装调整前对操作卡涩的传动部位要进行润滑处理
		产品的传动结构设计不合理，导电杆分、合闸限位与电动机配合不当	调整导电杆分、合闸限位开关行程，确保分、合闸满足要求

续表

序号	故障现象	故障原因	处理方法
2	接触电阻值偏大	合闸角度存在偏差，致使接触面不够，连接螺栓紧固不够或过度致使螺栓断裂	调整隔离开关，确保合闸角度一致，接触面符合制造厂家说明书要求
		合闸不到位或触指夹紧力不足	合闸调整单位，触指夹紧力符合制造厂家产品技术要求
		隔离开关导电回路接触处氧化膜未清洗干净	清洗隔离开关刀表面氧化层，并涂中性凡士林
3	控制回路故障	热继电器触点接触不良、与电机容量不匹配	对热继电器进行试验，检查是否满足电机容量要求
		辅助开关切换不到位或触点接触不良，导致电动操作失灵	调整辅助开关的切换行程，特别注意与限位开关的切换行程配合。一般要求辅助开关在限位开关前切换
		限位开关调整不到位： （1）机构的限位开关固定不牢固或安装底座破损。 （2）限位开关行程调整不到位或触点接触不良，导致电机电源无法切断，最终导致电机烧坏，严重时导致机构箱变形	（1）检查限位开关固定情况，紧固或更换安装底座。 （2）立即切断电机电源，检查限位开关触点，调整限位开关切换行程
4	加热回路故障	温湿度控制器故障或整定错误	温湿度控制器按设计要求或制造厂家说明书进行整定，无要求时一般按照 10℃ 启动加热器、30℃ 停止加热器整定
		加热器损坏	与加热器的电阻值进行比较（加热器的电阻值 $R=U^2/P$，（U：额定电压，P：额定功率），两个值相差较大，更换加热器
5	二次回路绝缘降低	机构箱进水	（1）机构箱密封条老化。 （2）机构箱转动轴承与垂直连杆间密封性不好。 （3）隔离开关安装完后，没有投入加热器，造成机构箱凝露
		二次电缆破损	（1）电缆敷设时，电缆应从盘的上端引出，不应使电缆在支架上及地面摩擦拖拉，电缆上不得有铠装压扁、电缆绞拧、护层折裂等未消除的机械损伤。 （2）电缆施工不得伤及芯线

【思考与练习】

1. 隔离开关安装过程调整中主要的质量控制有哪些？

2. 隔离开关合闸电阻值偏大的原因有哪些？如何解决？

3. 隔离开关机构箱内二次回路绝缘降低的原因有哪些？

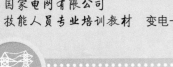

第九章

110kV 及以上隔离开关安装及调整

▲ 模块 1　110kV 及以上隔离开关安装流程（Z42H2001）

【模块描述】本模块包含 110kV 及以上隔离开关安装流程，通过讲解，熟知 110kV 及以上隔离开关安装流程。

【模块内容】本模块以 GW6–126 型、GW7–252 型、西门子 KR50–M40 型隔离开关安装为例，介绍隔离开关安装过程中的危险点及控制措施，重点讲解 GW6–126 型、GW7–252 型、西门子 KR50–M40 型隔离开关安装方法，掌握隔离开关的安装调整方法以及质量控制措施。

一、110kV 及以上隔离开关安装流程

110kV 及以上隔离开关安装流程见图 Z42H2001–1。

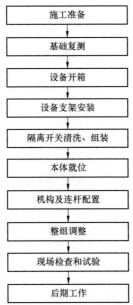

图 Z42H2001–1　110kV 及以上隔离开关安装流程

二、110kV 及以上隔离开关安装方法

（一）作业内容

110kV 及以上隔离开关安装主要包括施工准备，基础复测，设备开箱清点、整理，设备支架安装，隔离开关清洗、组装，本体就位，机构及拉杆配置，隔离开关整组调整以及现场检查和试验。

（二）危险点分析及安全控制措施

作业中危险点分析及控制措施见表 Z42H2001-1。

表 Z42H2001-1 作业中危险点分析及控制措施

序号	危险点	控 制 措 施
1	高处坠落及落物伤人	（1）高处作业系好安全带，不得攀爬瓷件。 （2）使用的检修平台或梯子应坚固完整、安放牢固，使用梯子有人扶持。 （3）传递物件必须使用传递绳，不得上下抛掷
2	起重伤害	（1）吊装隔离开关有专人指挥，吊臂下严禁站人。 （2）起重工具使用前认真检查，严禁使用不合格的工具。 （3）设备起吊后应系好拉绳，防止摆动碰伤人员
3	机械伤害	（1）严格执行机械操作使用规定，使用前严格检查。 （2）调试隔离开关时应有专人监护，进行操作时工作人员必须离开隔离开关传动部位
4	触电伤害 （扩建变电所）	（1）搬动梯子等长物体时，需两人放倒搬运，与带电部位保持足够的安全距离。 （2）使用电动工具时，按规定接入漏电保护装置、接地线
5	误入带电间隔 （扩建变电所）	（1）工作前向作业人员交代清楚临近带电设备，并加强监护。 （2）工作人员应走指定通道，在遮栏内工作，不得移动和跨越遮栏

（三）施工准备

1. 技术准备

（1）新型隔离开关应根据制造厂家说明书及相关要求编制安装调试方案。

（2）制造厂家技术文件如说明书、试验报告、图纸等应齐备。

（3）安装人员应熟悉施工设计图纸和制造厂家技术文件，掌握隔离开关的参数、性能特征。

2. 材料准备

根据施工图纸和材料清册核定隔离开关安装所用材料的数量和规格。110kV 及以上隔离开关安装通常需要的材料见表 Z42H2001-2（一组为例）。

表 Z42H2001-2　　　110kV 及以上隔离开关安装材料清单

序号	名称	数量	备　　注
1	白布	2 块	
2	金相砂布	2 张	
3	电力复合脂	1 支	
4	酒精	2 瓶	
5	中性凡士林	1 罐	
6	二硫化钼	1 罐	制造厂家有特殊要求,按制造厂家要求使用
7	电焊条	5kg	
8	防锈漆	1 桶	
9	面漆	1 桶	根据设计要求
10	相位漆	各 1 桶	黄色、绿色、红色、黑色

3. 工器具准备

110kV 及以上离开关安装通常需要的工器具见表 Z42H2001-3（一组为例）。

表 Z42H2001-3　　　110kV 及以上隔离开关安装工器具清单

序号	名称	数量	规格	备　注
1	吊机	1 台	16t	
2	登高作业车或升降平台	1 台	24m	根据隔离开关安装高度配置
3	链条葫芦	1 只	1t	
4	电焊机	1 台		
5	枕木	24 根		垫吊机支腿
6	梯子	2 把	9 挡	
7	扭力扳手	1 把	0~400N·m	根据安装螺栓力矩配置
8	两用扳手	4 套		根据安装螺栓规格配置
9	吊带	2 根	10t	
10	安全带	2 副		
11	塞尺	1 把	0.05mm×10mm	
12	锉刀	1 把	细锉	
13	漆刷	6 把	2 寸	

序号	名称	数量	规格	备　注
14	水平尺	1把		
15	铅锤	1只		
16	水准仪	1台		
17	经纬仪	1台		

4. 人员组织

应配置安全员、质量员、安装负责人、安装人员，起重司索、起重指挥、测工、电焊工等，相关人员及特殊工种人员必须持证上岗。

5. 现场布置

按照《国家电网公司输变电工程安全文明施工标准化管理办法》要求进行现场布置。

（1）110kV 隔离开关安装前设备、材料、工器具应在指定位置统一堆放。

（2）吊装区域必须进行安全隔离，并放置起重作业区的标识牌。

（四）基础复测

复测基础的标高、轴线及杯口符合设计及有关标准，设备支柱接地极朝向一致。

（五）设备开箱

（1）开箱前检查设备包装箱外观是否完好。

（2）按照装箱单检查零部件及附件、备件是否齐全。

（3）检查铭牌数据是否与设计文件一致。

（4）检查产品外表面有无损伤，检查每只绝缘子是否有破损、胶合部位是否松动。

（5）检查各紧固件是否牢固。

（6）检查接线端子及载流部件是否清洁、接触是否良好。

（7）检查制造厂家技术文件是否齐全。

（8）检查底座安装孔尺寸是否与设计图纸相符。

（六）设备支架安装

（1）校正、找平隔离开关设备杆。

（2）安装隔离开关支架铁件。

（七）隔离开关清洗、组装

（1）隔离开关的底座转动部分应灵活，没有卡阻现象，并应涂以适应当地气候的润滑脂薄层。

（2）隔离开关的触头应进行检查，触头镀银层应无脱落，清洗后加涂中性凡士林。

（3）接线端子及载流部分应清洁，且接触面良好，仔细检查载流部位处有无夹渣、裂纹，导体软连接有无折损。

（4）当所组装的隔离开关部件有下列缺陷时（见表 Z42H2001-4），部件必须处理后方可进行组装。

表 Z42H2001-4　　　　　　　　　缺陷形式与处理方法

序号	缺陷形式	处理方法
1	底座转动部分卡阻、不灵活	拆洗、加润滑油
2	静触头触指弹性差，排列不齐	调整或更换
3	主要电气回路元件接触部位氧化	除去氧化层并清洗，加电力复合脂，转动部分加中性凡士林
4	操动机构内有机械锈蚀及电气元件受潮	机械部分除去锈蚀进行清洗或更换，电气元件进行干燥处理或更换
5	导电杆变形	轻微的予以校正，导电杆弯曲度不超过 1.5/1000L，变形严重的更换
6	辅助触点动作不可靠	调整

注　导电元件接触部位氧化膜处理时，只能使用金相砂皮，镀银触头清洗时，不得使用砂皮以免破坏表面的镀银层。

（八）本体就位

1. GW6 型隔离开关本体就位（见图 Z42H2001-2～图 Z42H2001-6）

（1）起吊隔离开关底座，平稳放置到设备支架上，进行找平、找正后，固定底座螺栓，核实相间距离是否满足制造厂家技术要求。

（2）把支柱绝缘子和操作绝缘子在平整的地上竖起。用吊车吊起隔离开关导电折架，放在支柱绝缘子和操作绝缘子上，然后用螺栓跟导电折架底座连接。

（3）支柱绝缘子和操作绝缘子之间用合适的隔离块（例如：木块）隔离，防止由于操作绝缘子晃动，造成绝缘子直接碰撞。

（4）吊起隔离开关，平稳放在安装底座上，然后将支柱绝缘子和操作绝缘子与安装底座连接。

（5）调整三相间平行度误差不超过 3mm，调整三相底座垂直高度差不超过 3mm，水平连杆轴线误差不超过 1mm。

（6）静触头安装。

1）测量静触头安装位置至动、静触头接触位置垂直距离。

2）根据测量数据，制作静触头。

3）清除静触头安装位置母线表面氧化膜，并涂电力复合脂。

4）清洗静触头搭接面氧化膜，将静触头安装在母线上。

5）调整静触头位置，满足产品技术要求。

（7）调整隔离开关的各支柱绝缘子，使用金属垫片校正其水平或垂直偏差，使触头相互对准、接触良好。

（8）检查处理导电部分连接部件的接触面，无金属氧化物，并涂以复合电力脂。

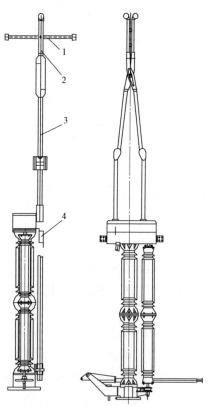

图 Z42H2001-2　GW6 型
隔离开关单相装配图

1—静触头；2—动触头；3—母线；
4—连接导线

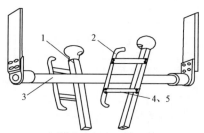

图 Z42H2001-3　GW6 型隔离
开关动静触头示意图

1—动触头；2—消弧触头；3—静触头；
4、5—弹簧板及导电片

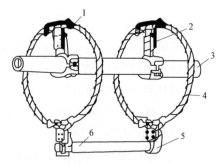

图 Z42H2001-4　GW6 型隔离
开关静触头装配

1—并沟线夹；2—母线接线夹；3—导电闸刀；
4—接地静触头；5—静触头接线夹；6—静触头装配

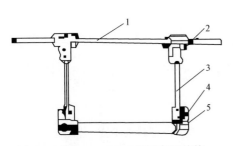

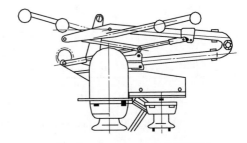

图 Z42H2001-5　GW6 型隔离开关静
　触头装配（软母线单列型）

图 Z42H2001-6　GW6 型隔离
开关导电折架示意图

1—母线；2—母线接线夹；3—连接导线；

4—静触头接线夹；5—静触头装配

2．GW7-252 型隔离开关本体就位（见图 Z42H2001-7～图 Z42H2001-10）

（1）底座就位。

1）先调整好底座的安装端面并清洁表面，然后吊装底座将其固定在支架的安
装面上。

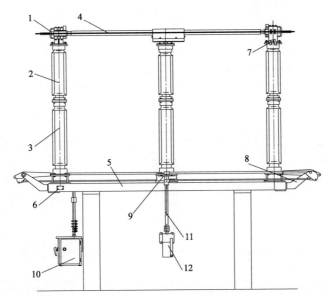

图 Z42H2001-7　GW7-220 型隔离开关单相装配（翻转型带操动机构）

1—静触头；2—上节绝缘子；3—下节绝缘子；4—主刀闸；5—底座；6—铭牌；7—接地静触头；

8—接地开关；9—转动底座；10—电动操动机构；11—垂直竖拉杆；12—手力操动机构

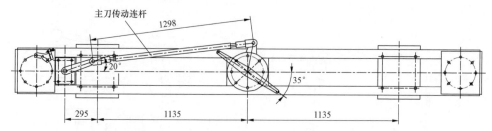

图 Z42H2001-8 GW7-220 型隔离开关主刀闸合闸时拐臂及连杆状态

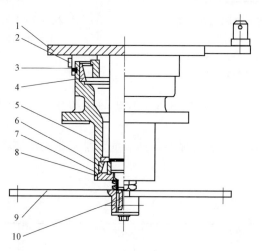

图 Z42H2001-9 GW7—220 型隔离开关轴承座装配

1—转轴；2—堵头；3、8—O 形密封圈；4、6—圆锥滚子轴承；5—轴承座；

7—垫圈；9—主动拐臂；10—圆头键

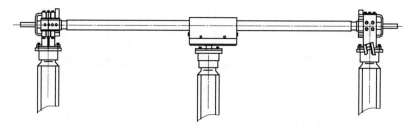

图 Z42H2001-10 GW7-220 型隔离开关（翻转）导电回路

2）底座安装根据相序依次排列，做到 A、B 和 B、C 相间的间距相等。

3）按要求的力矩紧固底座和支架的连接螺栓，注意在钢型材的斜面上加斜垫片。紧固后再次检查三相间的平行度和高度差。

（2）中间绝缘子吊装。

1）吊装绝缘子之前清洁上下法兰和瓷体表面。

2）吊起主导电杆，使用螺栓将主导电杆与绝缘子上单元连接，紧固螺栓，吊起主导电杆与绝缘子上单元，连接安装绝缘子下单元。

3）将底座上的中央旋转转台转到合闸位置，吊起主导电杆和中间绝缘子放在中央旋转转台平面上，紧固螺栓。

4）按同样方法完成其他两相的中间绝缘子安装。

（3）两边绝缘子吊装。

1）将接地开关的静触头固定杆（仅当配装接地开关时）、高压接线端子板和隔离开关静触头组件一起安装固定在绝缘子上单元的法兰上。然后吊起绝缘子上单元，连接安装绝缘子下单元。最后吊起组装在一起的高压接线板组件和绝缘子，放在隔离开关底座上并用螺栓固定安装。接同样方法安装另一边的绝缘子。

2）按同样方法完成其他两相的两边绝缘子安装。

（4）调整三相平行误差不超过 3mm，调整三相的垂直高度差不超过 3mm。

3. 西门子 KR50–M40 型隔离开关本体就位

（1）主刀动触头安装。

1）先调整好底座的安装端面并清洁表面，然后吊装底座将其固定在支架的安装面上。

2）按照编号组装好主刀动触头支柱绝缘子（共上、中、下三单元），起吊支柱绝缘子，平稳放置到设备支架上，进行找平、找正后，固定底座螺栓，核实相间距离是否满足制造厂家技术要求。

3）按照编号组装好主刀动触头旋转绝缘子（共上、中、下三单元），起吊旋转绝缘子，平稳放置到旋转平台上，进行找平、找正后，固定底座螺栓。

4）吊起主刀动触头，平稳放置到绝缘子顶部。用螺栓把主刀固定在支柱绝缘子上，转动旋转绝缘子，使转台转到分闸位，然后将旋转绝缘子与主刀固定。

5）按照同样方法完成其他两相主刀动触头安装。

6）调整三相间平行度误差不超过 3mm，调整三相底座垂直高度差不超过 3mm。

（2）主刀静触头安装。

1）先调整好底座的安装端面并清洁表面，然后吊装底座将其固定在支架的安装面上。

2）将主刀静触头与绝缘子上单元用螺栓固定，然后用吊机依次连接安装绝缘子中单元和下单元。

3）吊起组装在一起的静触头和绝缘子，平稳放置到设备支架上，进行找平、找正后，固定底座螺栓。

4）按照同样方法完成其他两相主刀静触头安装。

（九）机构及连杆配置

1. GW6 型、GW7–252 型隔离开关机构及连杆配置

（1）机构配置前，先将机构安装相的隔离开关（一般为 B 相）进行调整，使分合闸位置满足产品技术规范要求。

（2）用铅锤调整本体主传动轴与机构传动轴的同心度，使轴线同心。

（3）隔离开关的机构应采用专用支架进行配置。

（4）操动机构的安装高度及位置应符合设计要求，安装电动操动机构时，应考虑拆除临时支撑物后机构因自重下坠而改变原始中心尺寸的因素。

（5）垂直连杆的配置，连杆应先进行校正，确保弯曲额度＜1/1000H。连接方式一般有法兰连接、圆锥销连接和焊接三种。

1）法兰连接：法兰面应平整，法兰焊接时端面与连杆应保持垂直。

2）焊接：连杆的内径应与操动机构轴的直径相配合，两者间的间隙应不大于1mm，连杆与传动轴四周间隙调整均匀后，先采用电焊点焊固定，再进行均匀焊接，焊接电流不宜太大，以防局部过热变形。

3）圆锥销连接：连杆的内径应与操动机构轴的直径配合紧密，连杆一般由制造厂家附带，圆锥销规格与数量应符合产品说明书的要求，销子不得松动，也不得焊死，圆锥销两头外露均匀，且不小于 3mm，若制造厂家有特殊说明的，按照制造厂家技术要求进行。

（6）水平连杆配置：水平连杆配置前，应确保三相水平传动轴同心，检查隔离开关本体固定牢固。水平连杆连接方式和垂直连杆相同。

2. 西门子 KR50–M40 型隔离开关机构及连杆配置

（1）用铅锤调整本体主传动轴与机构传动轴的同心度，使轴线同心。

（2）隔离开关的机构应采用专用支架进行配置。

（3）操动机构的安装高度及位置应符合设计要求，安装电动操动机构时，应考虑拆除临时支撑物后机构因自重下坠而改变原始中心尺寸的因素。

（4）垂直连杆的配置：连杆应先进行校正，确保弯曲额度＜1/1000H。

（5）调整机构传动轴、垂直连杆、本体主传动轴在一直线上，拧紧机构传动轴联轴夹具固定螺栓和本体主传动轴固定螺栓。

（6）从联轴夹具上拆下锥头螺栓，在垂直连杆上钻一个直径为 12.2mm 的孔。

（7）将锥头螺栓装回联轴夹具的孔内，并使得锥头拧入垂直连杆上直径为12.2mm 的孔。

（8）按照同样方法完成其他两相操动机构安装。

（十）整组调整

1. GW6型隔离开关整组调整

（1）主刀调整。

1）手动分合隔离开关，调整静触头位置，使其满足制造厂家技术文件要求，并紧固螺栓。

2）手动分合闸，检测分合是否到位，如不能满足要求，可通过调整小拐臂角度、小连杆角度和联动杠杆的起始位置等加以调整。注意，一定要使上部两侧小拐臂等长，直至满意为止。合闸后检查动静触头的相对位置应满足制造厂家要求，且每片触指均应接触。当不能满足要求时，可稍微调整一下触头。

3）检查同期。同期标准应符合产品技术规定，如无规定则执行规范，110kV同期值≤10mm，220kV同期值≤20mm。

4）检查主刀所有连接螺栓是否紧固。合闸时触头插入深度是否满足制造厂家要求；分闸时检查导电折架的高度、分闸限位螺栓外露长度是否制造厂家要求。

5）死点位置的调整。手动合闸隔离开关，检查转轴的拐臂，越过死点尺寸是否满足制造厂家要求，如不符合，调整合闸限位螺钉的外露长度至过死点4±1mm。

6）接触压力的测量。手动合闸隔离开关，测量其触头的接触压力，测得的触头接触压力满足制造厂家要求，如接触压力不合格，可适当伸长或缩短传动连杆使之达到要求。

7）在手动操作分、合正常后，进行电动操作。电动操作前，需检查电气回路是否正确，方法是使主刀处于半分状态，按分（合）按钮，检查电机转向是否正确，能否自停，转动是否平稳，同时检查分合是否到位，同期是否满足要求。

8）调整限位装置和缓冲垫，使隔离开关分合闸时受到冲击力最小。

（2）地刀调整。

1）使主刀处于分闸位置，配置地刀机构、垂直连杆、水平连杆，并固定牢固。

2）手动分合地刀，并调整连杆、合闸弹簧、地刀导电臂长度等相关部件，直至分、合闸位置正确，动、静触头相对位置符合要求为止。如是电动机构，进行电动操作，电动操作前，需检查电气回路是否正确，方法是使地刀处于半分状态，按分（合）按钮，检查电机转向是否正确、能否自停，转动是否平稳，同时检查分合是否到位。

3）调整或安装联锁装置，检查主刀和地刀是否联锁正确。注意，只能用手动操作检查。

4）检查地刀所有连接螺栓是否紧固、触头插入深度及备用行程是否满足制造厂家要求。

2. GW7-252型隔离开关整组调整

（1）主刀调整。

1）手动分合闸，检测分合是否到位，如不能满足要求，可通过调整拐臂角度、水平连杆长度和联动杆的起始位置等加以调整。合闸后检查动静触头的相对位置应满足制造厂家要求，且每片触指均应接触。当不能满足要求时，可稍微调整一下触头。

2）检查同期。同期标准应符合产品技术规定，如无规定则执行规范，220kV同期值≤20mm。

3）检查主刀所有连接螺栓是否紧固。合闸时触头插入深度、备用行程和合闸限位螺钉的外露长度是否满足制造厂家要求；分闸时动、静触头距离、分闸限位螺钉外露长度是否满足制造厂家要求。当不能满足要求时，可适当伸长或缩短传动连杆、调整分合闸限位螺钉的外露长度使之达到要求。

4）在手动操作分、合正常后，进行电动操作。电动操作前，需检查电气回路是否正确，方法是使主刀处于半分状态，按分（合）按钮，检查电机转向是否正确、能否自停，转动是否平稳，同时检查分合是否到位，同期是否满足要求。

5）调整限位装置和缓冲垫，使隔离开关分合闸时受到冲击力最小。

（2）地刀调整

1）使主刀处于分闸位置，配置地刀机构、垂直连杆、水平连杆，并固定牢固。

2）手动分合地刀，并调整连杆、合闸弹簧、地刀导电臂长度等相关部件，直至分、合闸位置正确，动、静触头相对位置符合要求为止。如是电动机构，进行电动操作前，需检查电气回路是否正确，方法是使地刀处于半分状态，按分（合）按钮，检查电机转向是否正确、能否自停，转动是否平稳，同时检查分合是否到位。

3）调整或安装联锁装置，检查主刀和地刀是否联锁正确。注意，只能用手动操作检查。

4）检查地刀所有连接螺栓是否紧固、触头插入深度及备用行程是否满足制造厂家要求。

3. 西门子KR50-M40型隔离开关整组调整

（1）主刀调整。

1）手动分合操作满足产品技术要求后，进行电动操作。电动操作前，需检查电气回路是否正确，方法是使主刀处于合（分）状态，按分（合）按钮，检查电机转向是否正确、能否自停，转动是否平稳，同时检查分合是否到位。

2）按照同样方法完成其他两相主刀手动、电动分合闸调整。

3）在三相手动、电动分合操作满足制造厂家要求后，进行三相整体电动操作。检查三相整体电动分合闸是否到位。合闸时触头插入深度、备用行程和合闸限位螺栓的外露长度是否满足制造厂家要求；分闸时动、静触头距离、分闸限位螺栓外露长度是否满足制造厂家要求；三相同步是否满足制造厂家要求。

4）安装完毕后，检查隔离开关所有连接螺栓是否紧固、触头插入深度是否满足制造厂家要求。

5）调整各种限位装置和缓冲垫，使整台刀闸冲击力最小。

（2）地刀调整。

1）使主刀处于分闸位置，配置地刀机构、垂直连杆。手动分合，并调整连杆、合闸弹簧、地刀导电臂长度等相关部件，直至分、合闸位置正确。

2）在手动分合操作满足产品技术要求后，进行电动操作。电动操作前，需检查电气回路是否正确，方法是使主刀处于合（分）状态，按分（合）按钮，检查电机转向是否正确、能否自停，转动是否平稳，同时检查分合是否到位。

3）按照同样方法完成其他两相地刀手动、电动分合闸调整。

4）在三相地刀手动、电动分合操作满足制造厂家要求后，进行三相整体电动操作。检查三相整体电动分合闸是否到位、触头插入深度及备用行程是否满足制造厂家要求；三相同步是否满足要求。

5）安装完毕后，检查隔离开关所有连接螺栓是否紧固，并用扭力扳手复测（力矩按制造厂家要求，厂方无要求时按相应螺栓的国家标准进行）。

6）调整或安装联锁装置，检查主刀和地刀是否联锁正确。注意，只能用手动操作检查。

（十一）现场检查与试验

（1）电动机构、转动装置、辅助开关及加热闭锁装置应安装牢固，动作灵活可靠，位置指示正确，机构箱密封良好。

（2）隔离开关合闸后检查动静触头的相对位置应满足制造厂家要求，触头接触紧密良好，且每片触指均应接触。三相同期满足要求：110kV 同期值≤10mm，220kV 同期值≤20mm。

（3）隔离开关分闸时动、静触头距离满足制造厂家要求。

（4）隔离开关分、合闸限位螺栓外露长度满足制造厂家要求。

（5）进行二次传动试验，对设计有远方操作的进行远控试验，应检查其动作和闭锁情况，以及各信号接点的联动作情况。操作机构 80%～110%额定电压可靠动作。合闸电阻测量合格。

（十二）后期工作

（1）设备接地。

（2）检查所有螺栓，清洁设备表面。

（3）配合完成电气交接试验。

（4）相位标识正确。

（5）清理施工现场。

【思考与练习】

1. 110kV 及以上隔离开关安装调试前应做哪些准备？

2. 简述 GW7-252 型隔离开关调整的方法。

3. 隔离开关安装调试完毕后，应做什么检查与试验？

▲ 模块 2　110kV 及以上隔离开关安装方法、工艺要求及质量检验评定（Z42H2002）

【模块描述】本模块包含 110kV 及以上隔离开关安装方法及工艺要求，通过讲解和实训，掌握 110kV 及以上隔离开关安装调整方法及工艺质量要求。

【模块内容】本模块主要介绍 110kV 及以上隔离开关安装方法及工艺要求，通过讲解和学习，掌握 110kV 及以上隔离开关安装调整方法及工艺质量要求。

一、110kV 及以上隔离开关安装方法、工艺要求

（1）设备支架安装后的要求：标高偏差≤5mm，垂直度偏差≤5mm，相间轴线偏差≤10mm，本相间距偏差≤5mm，顶面水平度偏差≤2mm。

（2）设备底座连接螺栓应紧固，同相绝缘子支柱中心线应在同一垂直平面内，同组隔离开关应在同一直线上，偏差≤5mm。

（3）导电部分的软连接需可靠，无折损。

（4）接线端子应清洁、平整，并涂有电力复合脂。

（5）操动机构安装牢固，固定支架工艺美观，机构轴线与底座轴线重合，偏差≤1mm，同一轴线上的操动机构安装位置应一致。

（6）电缆排列整齐、美观，固定与防护措施可靠。

（7）设备底座与机构箱接地牢固，导通良好。

（8）操作灵活，触头接触可靠，闭锁正确。

（9）操动机构、传动装置、辅助开关及闭锁装置应安装牢固，动作灵活可靠，位置指示正确。

（10）隔离开关过死点，动、静触头相对位置，备用行程及动触头状态，应符合产品技术文件要求。

（11）合闸时三相同期值应符合产品的技术规定。

（12）垂直连杆应用软铜线接地。

（13）均压环安装应无划痕、毛刺，安装牢固、平整、无变形；均压环应在最低处打排水孔。

（14）接地引下线符合要求，相位标识清晰、正确。

二、110kV 及以上隔离开关质量检验评定

（1）操动机构、传动装置、辅助开关及闭锁装置应安装牢固、动作灵活可靠、位置指示正确。

（2）合闸时三相同期值应符合产品的技术规定。如无规定则执行规范，110kV≤10mm，220kV≤20mm。

（3）相间距离及分闸时触头打开角度和距离，应符合产品技术文件要求。

（4）触头接触应紧密良好，接触尺寸应符合产品技术文件要求。

（5）隔离开关分合闸限位应正确。

（6）垂直连杆应无扭曲变形。

（7）螺栓紧固力矩应达到产品技术文件和相关标准要求。

（8）合闸直流电阻测试应符合产品技术文件要求。

（9）交接试验应合格。

【思考与练习】

1. 隔离开关设备支架安装后的质量要求有哪些？

2. 110kV、220kV 隔离开关同期值有什么要求？

3. 简述 110kV 及以上隔离开关质量检验评定。

模块 3　110kV 及以上隔离开关安装常见问题处理（Z42H2003）

【模块描述】本模块包含 110kV 及以上隔离开关安装常见问题处理，通过讲解和案例分析，掌握 110kV 及以上隔离开关安装过程中常见问题的处理技能。

【模块内容】本模块主要讲解 110kV 及以上隔离开关安装工艺要求以及常见问题处理。通过学习，掌握 110kV 及以上隔离开关安装过程中遇到问题的解决方法。

110kV 及以上隔离开关安装过程中常见的问题有以下几种：隔离开关拒动或分、合闸不到位，接触电阻值偏大，控制回路故障，加热回路故障，二次回路绝缘降低。故障原因和处理方法见表 Z42H2003-1。

表 Z42H2003–1 　　　　　　 故 障 和 处 理 方 法

序号	故障现象	故障原因	处理方法
1	隔离开关拒动或分、合闸不到位	隔离开关设备支架安装的标高偏差、垂直度偏差、相间轴线偏差、本相间距偏差、顶面水平度偏差中的一项或多项超过规程要求	设备支架安装后的要求：标高偏差≤5mm，垂直度偏差≤5mm，相间轴线偏差≤10mm，本相间距偏差≤5mm，顶面水平度偏差≤2mm
		连杆、拐臂、传动轴等传动部位润滑干涩、机构箱卡涩	安装调整前对操作卡涩的传动部位要进行润滑处理
		产品的传动结构设计不合理，导电杆分、合闸限位与电动机配合不当	调整导电杆分、合闸限位开关行程，确保分、合闸满足要求
2	同期值未满足要求	连杆、拐臂、传动轴长度、位置不一致	调整连杆、拐臂、传动轴，三相同期满足要求：110kV 同期值≤10mm，220kV 同期值≤20mm
3	接触电阻值偏大	合闸角存在偏差，致使接触面不够，连接螺栓紧固不够或过度致使螺栓断裂	调整隔离开关，确保合闸角度一致，接触面符合制造厂家说明书要求
		合闸不到位或触指夹紧力不足	检查触指，触指夹紧力应符合制造厂家产品技术要求
		隔离开关导电回路接触处氧化膜未清洗干净	清洗隔离开关刀表面氧化层，并涂中性凡士林
4	控制回路故障	热继电器触点接触不良、与电机容量不匹配	对热继电器进行试验，检查是否满足电机容量要求
		辅助开关切换不到位或触点接触不良，导致电动操作失灵	调整辅助开关的切换行程，特别注意与限位开关的切换行程配合。一般要求辅助开关在限位开关前切换
		限位开关调整不到位：（1）机构的限位开关固定不牢固或安装底座破损。（2）限位开关行程调整不到位或触点接触不良，导致电机电源无法切断，最终导致电机烧坏，严重时导致机构箱变形	（1）检查限位开关固定情况，紧固或更换安装底座。（2）立即切断电机电源，检查限位开关触点，调整限位开关切换行程
		遥控回路、闭锁逻辑不对	遥控回路、闭锁逻辑传动试验正常
5	加热回路故障	温湿度控制器故障或整定错误	温湿度控制器按设计要求或制造厂家说明书进行整定，无要求时一般按照10℃启动加热器、30℃停止加热器整定
		加热器损坏	与加热器的电阻值进行比较（加热器的电阻值 $R=U^2/P$，（U：额定电压，P：额定功率），两个值相差较大，更换加热器
6	二次回路绝缘降低	机构箱进水	（1）机构箱密封条老化。（2）机构箱转动轴承与垂直连杆间密封性不好。（3）隔离开关安装完后，没有投入加热器，造成机构箱凝露

续表

序号	故障现象	故障原因	处理方法
6	二次回路绝缘降低	二次电缆破损	（1）电缆敷设时，电缆应从盘的上端引出，不应使电缆在支架上及地面摩擦拖拉，电缆上不得有铠装压扁、电缆绞拧、护层折裂等未消除的机械损伤。 （2）电缆施工不得伤及芯线

【思考与练习】

1. 110kV 及以上隔离开关有哪几种常见问题？

2. 造成隔离开关分合闸不正常的原因有哪些？该如何处理？

3. 隔离开关机构箱内可能出现哪些故障？

第五部分

其他电气设备安装及调整

第十章

避雷器安装

▲ 模块1 避雷器安装流程、安装方法及工艺要求
（Z42I1001）

【模块描述】本模块包含避雷器安装流程、安装方法及工艺要求，通过讲解和实训，熟知避雷器的安装流程，掌握避雷器的安装方法。

【模块内容】本模块通过讲解避雷器的安装流程、安装方法及工艺要求，熟知避雷器安装危险点及控制措施，掌握避雷器的安装方法。

一、避雷器安装流程

避雷器安装流程见图 Z42I1001-1。

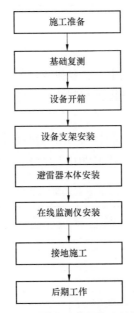

图 Z42I1001-1 避雷器安装流程

二、避雷器安装方法

1. 作业内容

避雷器安装主要包括基础复测，设备开箱清点、整理，支架安装，避雷器本体安装，在线监测仪安装，接地施工。

2. 危险点分析及安全控制措施

作业中危险点分析及控制措施见表 Z42I1001-1。

表 Z42I1001-1 作业中危险点分析及控制措施

序号	危险点	控制措施
1	高处坠落及落物伤人	（1）高处作业系好安全带，不得攀爬瓷件。 （2）使用的检修平台或梯子应坚固完整、安放牢固，使用梯子有人扶持。 （3）传递物件必须使用传递绳，不得上下抛掷
2	起重伤害	（1）吊装有专人指挥、吊臂下严禁站人。 （2）起重工具使用前认真检查，严禁使用不合格的工具。 （3）设备起吊后应系好拉绳，防止摆动碰伤人员
3	机械伤害	严格执行机械操作使用规定，使用前严格检查
4	触电伤害 （扩建变电所）	（1）搬动梯子等长物体时，需两人放倒搬运，与带电部位保持足够的安全距离。 （2）使用电动工具时，按规定接入漏电保护装置、接地线
5	误入带电间隔 （扩建变电所）	（1）工作前向作业人员交代清楚临近带电设备，并加强监护。 （2）工作人员应走指定通道，在遮栏内工作，不得移动和跨越遮栏

3. 施工准备

（1）技术准备。

1）制造厂家技术文件如说明书、试验报告、图纸等应齐备。

2）安装人员应熟悉施工设计图纸和制造厂家技术文件，掌握避雷器的参数、性能特征。

（2）材料准备。根据施工图纸和材料清册核定避雷器安装所用材料的数量和规格。避雷器安装通常需要的材料见表 Z42I1001-2（一组为例）。

表 Z42I1001-2 避雷器安装材料清单

序号	名称	数量	备 注
1	白布	3 块	
2	电力复合脂	1 支	
3	砂布	3 张	
4	电焊条	5kg	
5	防锈漆	1 桶	

续表

序号	名称	数量	备　注
6	面漆	1桶	根据设计要求
7	相位漆	各1桶	黄色、绿色、红色、蓝色

（3）工器具准备。避雷器安装通常需要的工器具见表 Z42I1001-3（一组为例）。

表 Z42I1001-3　　　　　　　　避雷器安装工器具清单

序号	名称	数量	规格	备　注
1	吊机	1台	16t	1000kV 避雷器需要 50t 吊机
2	登高作业车或升降平台	1台	27m	根据安装设备规定配置
3	水准仪	1台		
4	经纬仪	1台		
5	枕木	20根		垫吊机支腿
6	梯子	1把	15挡	
7	扭力扳手	1把	0～400N·m	根据安装螺栓所需力矩配置
8	尖子扳手	2把		
9	两用扳手	2把		根据安装螺栓规格配置
10	吊带	2根	2t	1000kV 避雷器需要 4t 吊带
11	安全带	2根		
12	漆刷	6把	2寸	
13	水平尺	1把		

（4）人员组织。应配备安全员、质量员、安装负责人、安装人员、起重司索、起重指挥、测工等，相关人员及特殊工种人员必须持证上岗。

（5）现场布置。按照《国家电网公司输变电工程安全文明施工标准化管理办法》要求进行现场布置。

1）安装前设备、材料、工器具应在指定位置统一堆放。

2）吊装区域必须进行安全隔离，并放置起重作业区的标识牌。

4. 基础复测

基础的标高、尺寸及位置应符合设计及有关标准，设备支柱接地极应统一朝向。

5. 设备开箱

（1）开箱前应检查包装箱是否有破损。

（2）按照装箱单检查零部件及附件、备件是否齐全。

（3）检查铭牌数据是否与设计文件一致。

（4）检查产品外表面有无损伤，检查每只绝缘子是否有破损、胶合部位是否松动。

（5）检查制造厂家技术文件是否齐全。

（6）检查底座安装孔尺寸是否与安装图相符。

（7）每个避雷器单元不得任意拆开，破坏密封和损坏元件。

（8）安装前，放置在干燥环境中，不得放倒。

6. 设备支架安装

（1）校正、找平避雷器设备杆。

（2）设备杆采用两次灌浆，第一次灌浆后混凝土高度距基础杯口 10~20cm，24h后进行第二次灌浆，用混凝土填平基础杯口。

7. 避雷器本体安装

（1）先将绝缘合格的避雷器底座安装在设备支架上，校正后用螺栓固定。

（2）依次安装试验合格的组合单元，喷口朝向合理。

（3）安装避雷器接线板和均压环，三相接线板方向一致，均压环不得歪斜、变形，最低处打滴水孔。

（4）调整三相避雷器垂直度，要求其中心在同一直线上。

（5）用力矩扳手紧固所有螺栓。

8. 在线监测仪安装

（1）检查在线监测仪的额定电压、型号与避雷器配套，符合设计要求。

（2）检查在线监测仪外壳无破损、密封良好，动作可靠。

（3）安装在线监测仪，位置朝向一致便于观察，接地可靠，计数器调至同一值。

9. 接地施工

（1）避雷器本体按照设计要求采用扁铁或铜绞线，两点分别与主接地网可靠相连。

（2）避雷器在线监测仪的接地端与主接地网可靠相连。

10. 后期工作

（1）检查所有螺栓，清洁设备表面。

（2）配合完成电气交接试验。

（3）相位标识正确。

（4）清理施工现场。

图 Z42I1001-2 为安装完成的 500kV 避雷器。

三、避雷器安装工艺要求

（1）安装前进行电气试验，合格后方可安装；安装前检查各零部件数量齐备、状态良好；绝缘部件完好、清洁、无放电烧伤痕迹；钢件防腐处理良好、无锈蚀。

（2）成列布置的避雷器排列整齐。

（3）避雷器起吊及安装时应用吊带，起吊过程中避免冲击及碰撞。

（4）设备支架安装后的质量要求：标高偏差≤5mm，垂直度≤5mm，相间轴线偏差≤10mm，本相间距偏差≤5mm，顶面水平度≤2mm。

（5）各支柱中心线间距离的误差应不大于5mm，相间中心距离的误差应不大于5mm，避雷器垂直度偏差应不超过 $1/1000H$（H 为避雷器本体高度）。

图 Z42I1001-2　500kV 避雷器

（6）吊装要求：单节避雷器应与底座整体吊装，多节避雷器先将底座先吊装好，然后将避雷器分节安装。

（7）组装多节避雷器时，其各节位置应按编号进行。

（8）避雷器与在线监测仪引线规格符合设计要求，做到自然、美观。

（9）避雷器引线电气连接良好，引线长度应满足设计要求，做到自然、美观。

（10）接地符合设计要求，连接可靠；相位标识正确、清晰。

【思考与练习】

1. 避雷器安装前的准备工作有哪些？
2. 避雷器支架安装后的质量要求有哪些？
3. 避雷器设备接地有哪些要求？

◢ 模块 2　避雷器安装质量验评及常见问题处理 （Z42I1002）

【模块描述】本模块包含避雷器安装常见问题处理，通过讲解，掌握避雷器安装常见问题的处理技能。

【模块内容】本模块以氧化锌避雷器为例，通过讲解避雷器的安装质量验评、安装过程中常见的问题及处理方法，熟知避雷器安装的质量要求，掌握避雷器安装常见问题的处理技能。

一、避雷器安装质量验评

（1）制造厂家说明书、试验报告、图纸齐备。

（2）避雷器型号符合设计要求。

（3）瓷件无裂纹、损伤，胶合部位应黏合牢固。

（4）避雷器应安装垂直、牢固，底座与设备杆的垫片不超过 3 片，其总厚度不大于 10mm，各垫片尺寸与底座相符且连接牢固。

（5）避雷器均压环的安装水平，不歪斜、变形，最低处打滴水孔。

（6）在线检测安装位置一致，便于观察，接地应可靠，监测仪计数器数值一致。

（7）避雷器接地极的接地电阻满足设计要求，无设计要求时，接地电阻≤30Ω，否则增加接地极数量或进行降阻处理。

二、避雷器安装常见问题处理

（1）避雷器垂直度偏差超过 $1/1000H$（H 为避雷器本体高度）。

1）如果设备杆封顶板不平整，用垫片将封顶各个安装孔的标高调整至一致位置，垫片与封顶板焊牢。

2）同相各支柱瓷套的法兰面不平整的处理方法是在各支柱避雷器法兰面放垫片，垫片间焊接牢固，确保每节避雷器法兰面水平。

（2）多节避雷器组装时，各节位置为按编号进行。组装前应仔细查看出厂说明书，按出厂说明书和避雷器出厂编号进行组装。

（3）避雷器法兰排水孔不通畅，用手枪电钻将排水孔打穿。

【思考与练习】

1. 避雷器放电计数器安装要求有哪些？

2. 避雷器接地极的接地电阻不能满足设计要求时应采取什么措施？

3. 简述在避雷器安装过程中常见的问题有哪些？如何处理？

第十一章

干式电抗器安装

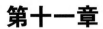 模块 1 干式电抗器安装流程、安装方法及
工艺要求（Z42I2001）

【模块描述】本模块包含干式电抗器设备支柱和支柱绝缘子安装方法和安装流程，通过讲解，熟知安装流程，掌握干式电抗器安装技能。

【模块内容】本模块通过讲解干式电抗器的安装流程、安装方法及工艺要求，熟知干式电抗器的安装危险点及控制措施，掌握干式电抗器安装技能。

一、干式电抗器安装流程

干式电抗器安装流程见图 Z42I2001-1。

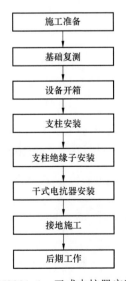

图 Z42I2001-1 干式电抗器安装流程

二、干式电抗器安装方法

1. 作业内容

干式电抗器安装主要包括基础复测，设备开箱清点、整理，支架安装，支柱绝缘子安装，干式电抗器安装，接地施工。

2. 危险点分析及安全控制措施

作业中危险点分析及控制措施见表 Z42I2001-1。

表 Z42I2001-1 作业中危险点分析及控制措施

序号	危险点	控制措施
1	高处坠落及落物伤人	（1）高处作业系好安全带，不得攀爬瓷件。 （2）使用的检修平台或梯子应坚固完整、安放牢固，使用梯子有人扶持。 （3）传递物件必须使用传递绳，不得上下抛掷
2	起重伤害	（1）吊装有专人指挥、吊臂下严禁站人。 （2）起重工具使用前认真检查，严禁使用不合格的工具。 （3）设备起吊后应系好拉绳，防止摆动碰伤人员
3	机械伤害	严格执行机械操作使用规定，使用前严格检查
4	触电伤害 （扩建变电所）	（1）搬动梯子等大物体时，需两人放倒搬运，与带电部位保持足够的安全距离。 （2）使用电气工具时，按规定接入漏电保护装置、接地线
5	误入带电间隔 （扩建变电所）	（1）工作前向作业人员交代清楚临近带电设备，并加强监护。 （2）工作人员应走指定通道，在遮栏内工作，不得移动和跨越遮栏

3. 施工准备

（1）技术准备。

1）制造厂家技术文件如说明书、试验报告、图纸等应齐备。

2）安装人员应熟悉施工设计图纸和制造厂家技术文件，掌握干式电抗器的参数、性能特征。

（2）材料准备。根据施工图纸和材料清册核定干式电抗器安装所用材料的数量和规格。干式电抗器安装通常需要的材料见表 Z42I2001-2（一组为例）。

表 Z42I2001-2 干式电抗器安装材料清单

序号	名称	数量	备 注
1	白布	6块	
2	电力复合脂	1支	
3	砂布	6张	
4	电焊条	5kg	
5	防锈漆	1桶	

续表

序号	名称	数量	备 注
6	面漆	1桶	根据设计要求配置
7	相位漆	各1桶	黄色、绿色、红色、蓝色

（3）工器具准备。干式电抗器安装通常需要的工器具见表 Z42I2001-3（一组为例）。

表 Z42I2001-3　　　　干式电抗器安装工器具清单

序号	名称	数量	规格	备 注
1	吊机	1台	50t	
2	登高作业车或升降平台	1台	27m	根据安装设备高度配置
3	电焊机	1台		
4	水准仪			
5	经纬仪			
6	枕木	32根		垫吊机支腿
7	梯子	1把	15挡	
8	扭力扳手	1把	0~400N·m	根据安装螺栓力矩配置
9	尖子扳手	1把		
10	两用扳手	6把		根据安装螺栓规格配置
11	吊带	2根	10t	
12	安全带	2副		
13	锉刀	1把	细锉	
14	水平尺	1把		
15	漆刷	6把	2寸	

（4）人员组织。应配备安全员、质量员，安装负责人、安装人员、起重司索、起重指挥、测工、电焊工等相关人员及特殊工种人员必须持证上岗。

（5）现场布置。按照《国家电网公司输变电工程安全文明施工标准化管理办法》要求进行现场布置。

1）干式电抗器安装前设备、材料、工器具在指定位置统一堆放。

2）吊装区域必须进行安全隔离，并放置起重作业区的标识牌。

4. 基础复测

复测基础的标高、轴线及杯口符合设计及有关标准，设备支柱接地极朝向一致。柱轴线对行、列的定位轴线偏移量≤5mm。

5. 设备开箱

（1）按照装箱单检查零部件及附件、备件是否齐全。

（2）检查铭牌数据是否与设计文件一致。

（3）检查产品外表面有无损伤，检查每只绝缘子是否有破损、胶合部位是否松动。

（4）检查各紧固件是否牢固。

（5）检查接线端子及载流部件是否清洁、接触是否良好。

（6）检查制造厂家技术文件是否齐全。

（7）检查底座安装孔尺寸是否与安装图纸相符。

6. 支柱安装

基础复测后，将支柱安装在基础上，玻璃钢支柱上下法兰的短接导体连接可靠，校正支架，使其满足制造厂家要求。

7. 支柱绝缘子安装

（1）检查设备瓷件外观清洁无裂纹、无损伤，瓷套与铁法兰间黏合牢固。

（2）将支柱绝缘子安装在支架上，校正支柱绝缘子，叠装支柱绝缘子中心线应一致，固定牢固，紧固件齐全。

（3）根据设备支架标高和支柱绝缘子高度，控制支柱绝缘子标高误差在 5mm 以内。

8. 干式电抗器安装

（1）将电抗器安装在支柱绝缘子上并校正。三相叠装时，中间一相绕组绕向与其他两相相反；两相叠装一相并列时，叠装的两相绕组绕向相反，另一相与上层相同；三相水平布置时，三相绕组绕向相同。

（2）三相叠装电抗器各相中心线应一致。

（3）电抗器重量均匀分配在所有支柱绝缘子上。校正时，在支柱绝缘子底座下放置非磁性垫片，固定牢靠。

（4）叠装的电抗器绝缘子顶帽上，应放置与顶帽大小相当且厚度不超过 4mm 的绝缘纸板垫片或橡胶垫片，户外安装应采用橡胶垫片。

9. 接地施工

电抗器的接地宜采用铜排和扁铁，应符合以下要求：

（1）电抗器叠装时，底层支柱绝缘子接地，其余支柱绝缘子不接地。

（2）三相水平布置时，每相支柱绝缘子接地。

（3）支柱绝缘子的接地线不应成闭合环路。

10. 后期工作

（1）检查所有螺栓，清洁设备表面。

（2）配合完成电气交接试验。

（3）相位标识正确。

（4）清理施工现场。

图 Z42I2001-2 为安装完成的干式电抗器。

图 Z42I2001-2　干式电抗器安装图

三、干式电抗器安装工艺要求

1. 支架安装

（1）用钢管支架时做好隔磁措施。

（2）玻璃钢支架上下法兰的短接导体连接可靠。

（3）混凝土支架施工时要做好混凝土钢筋的隔磁措施，防止电抗器漏磁在混凝土支架中形成环流，引起支架发热和耗损。

（4）支架安装后的质量要求：标高偏差≤5mm，垂直度≤5mm，轴线偏差≤5mm，顶面水平度≤2mm，间距偏差≤5mm。

2. 支柱绝缘子安装

（1）支柱绝缘子应进行检查，瓷件、法兰应完整无裂纹，胶合处填料完整，结合牢固。支柱绝缘子安装时中心线应一致，固定牢固，紧固件应齐全。

（2）支柱绝缘子标高误差控制在 5mm 以内，检查柱内接地线连接可靠。

3. 干式电抗器吊装

（1）电抗器垂直安装时，各相中心线应一致。

（2）电抗器重量应均匀地分配于所有支柱绝缘子上。找平时，允许在支柱绝缘子底座下放置不多于 1 片非磁性垫片，但应固定牢靠。

（3）电抗器防护罩安装时，在地面完成防护罩和支撑架的连接，吊装到位后，进行紧固连接，最后将防雨隔栅安装在防护罩内孔上。

（4）所有螺栓应涂螺纹锁固剂（厂家自带），防止螺栓松动后掉入绕组通风道内，造成电抗器事故。

（5）电抗器设备接线端子的方向必须与施工图方向一致。

4．接地施工

（1）电抗器支柱的底座均应接地，接地宜采用铜排，支柱的接地线不应成闭合环路，同时不得与地网形成闭合环路（见图 Z42I2001-3、图 Z42I2001-4）。

图 Z42I2001-3 电抗器支柱接地　　　　　图 Z42I2001-4 电抗器支柱接地

（2）磁通回路内不应有导体闭合回路。

【思考与练习】

1．干式电抗器设备开箱主要检查什么？

2．干式电抗器接地有哪些要求？

3．干式电抗器支架安装有哪些要求？

◢ 模块 2　干式电抗器安装质量验评及常见问题处理（Z42I2002）

【模块描述】本模块包含干式电抗器安装常见问题处理，通过讲解和案例分析，掌握干式电抗器安装常见问题处理技能。

【模块内容】本模块通过讲解干式电抗器安装质量验评、安装过程中的常见问题以及处理方法，熟知干式电抗器安装的质量要求，掌握干式电抗器安装常见问题的处理技能。

一、干式电抗器安装质量验评

（1）支柱应完整、无裂纹，线圈应无变形。

（2）线圈外部的绝缘漆应完好。

（3）支柱绝缘子的接地应良好。

（4）各部油漆应完整。

（5）干式空心电抗器的基础内钢筋、底层绝缘子的接地线以及所采用的金属围栏，不应通过自身和接地线构成闭合回路。

（6）干式铁芯电抗器的铁芯应一点接地。

（7）交接试验应合格。

（8）相位标示清晰、正确。

二、干式电抗器安装常见问题处理

干式电抗器安装不当会造成漏磁。由于干式空心电抗器无铁芯，空间存在强大的磁场，只要磁场范围内存在较大铁磁物质或闭环金属体就将产生漏磁。在安装过程中要注意以下几点：

（1）干式电抗器安装使用非磁性材料。电抗器与防雨罩、支柱绝缘子连接使用非磁性不锈钢螺栓。

（2）设备支架安装做好隔磁措施。

（3）设备支架的接地线不应成闭合环路，同时不得与地网形成闭合环路。

【思考与练习】

1. 干式电抗器接地施工有什么要求？

2. 干式电抗器安装质量验评内容有哪些？

3. 为避免漏磁，在安装过程中要注意哪几点？

第十二章

电容器组安装及调整

▲ 模块1 电容器组安装流程、安装方法及
工艺要求（Z42I3001）

【模块描述】本模块包含电容器组安装流程、安装方法及工艺要求，通过讲解，熟知安装流程，掌握电容器组的安装方法。

【模块内容】本模块通过讲解电容器组的安装流程、安装方法及工艺要求，熟知电容器组的安装危险点及控制措施，掌握电容器组安装方法。

一、电容器组安装流程

电容器组安装流程见图 Z42I3001-1。

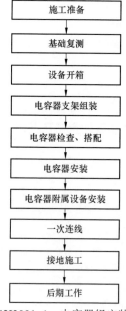

图 Z42I3001-1 电容器组安装流程

1．作业内容

电容组安装主要包括基础复测，设备开箱清点、整理，支架组装，电容器检查、搭配，电容器及附件安装，一次连线，接地施工。

2．危险点分析及安全控制措施

作业中危险点分析及控制措施见表 Z42I3001-1。

表 Z42I3001-1　　　　　作业中危险点分析及控制措施

序号	危险点	控制措施
1	高处坠落及落物伤人	（1）高处作业系好安全带，不得攀爬瓷件。 （2）使用的检修平台或梯子应坚固完整、安放牢固，使用梯子有人扶持。 （3）传递物件必须使用传递绳，不得上下抛掷
2	起重伤害	（1）吊装有专人指挥、吊臂下严禁站人。 （2）起重工具使用前认真检查，严禁使用不合格的工具。 （3）设备起吊后应系好拉绳，防止摆动碰伤人员
3	机械伤害	严格执行机械操作使用规定，使用前严格检查
4	触电伤害 （扩建变电所）	（1）搬动梯子等长物体时，需两人放倒搬运，与带电部位保持足够的安全距离。 （2）使用电气工具时，按规定接入漏电保护装置、接地线
5	误入带电间隔 （扩建变电所）	（1）工作前向作业人员交代清楚临近带电设备，并加强监护。 （2）工作人员应走指定通道，在遮栏内工作，不得移动和跨越遮栏

3．施工准备

（1）技术准备。

1）制造厂家技术文件如说明书、试验报告、图纸等应齐备。

2）安装人员应熟悉施工设计图纸和制造厂家技术文件，掌握电容器组的参数、性能特征。

（2）材料准备。根据施工图纸和材料清册，核定电容器组安装所用材料的数量和规格。电容器组安装通常需要的材料见表 Z42I3001-2（一组为例）。

表 Z42I3001-2　　　　　电容器组安装材料清单

序号	名称	数量	备　注
1	白布	10块	
2	电力复合脂	5支	
3	钢丝刷	10把	
4	砂布	10张	
5	电焊条	20kg	
6	防锈漆	1桶	

续表

序号	名称	数量	备 注
7	面漆	1桶	根据设计要求
8	相位漆	各1桶	黄色、绿色、红色、蓝色

（3）工器具准备。电容器组安装通常需要的工器具见表 Z42I3001-3（一组为例）。

表 Z42I3001-3　　　　　　　　电容器组安装工器具清单

序号	名称	数量	规格	备 注
1	吊机	1台		根据实际情况选配
2	电焊机	1台		
3	多功能弯排机	1台		含切断、冲孔功能
4	水准仪	1台		
5	经纬仪	1台		
6	枕木	32根		垫吊机支腿
7	梯子	2把	7挡	根据设备杆高度配置
8	扭力扳手	2把	0～400N·m	根据安装螺栓力矩配置
9	两用扳手	10把		根据安装螺栓规格配置
10	吊带	2根	10t	
11	安全带	2副		
12	锉刀	1把	细锉	
13	漆刷	5把	2寸	
14	水平尺	1把		

（4）人员组织。一般应配备安全员、质量员，安装负责人、安装人员、起重司索、起重指挥、测工、电焊工等相关人员及特殊工种人员必须持证上岗。

（5）现场布置。按照《国家电网公司输变电工程安全文明施工标准化管理办法》要求进行现场布置。

1）电容器组安装前设备、材料、工器具应在指定位置统一堆放。

2）吊装区域必须进行安全隔离，并放置起重作业区的标识牌。

4. 基础复测

（1）土建工程基本施工完毕，地面、墙面全部完工，标高、尺寸、结构及预埋件均符合设计要求。

（2）设备基础达到允许安装强度要求。

（3）预埋件、基础地坪标高及水平误差符合设计及制造厂家要求。

5. 设备开箱

（1）按照装箱单检查零部件及附件、备件是否齐全。

（2）检查铭牌数据是否与设计文件一致。

（3）检查产品外表面有无损伤，电容有无渗漏，检查每只绝缘子是否有破损、胶合部位是否松动。

（4）检查各紧固件是否牢固。

（5）检查接线端子及载流部件是否清洁、接触是否良好。

（6）检查制造厂家技术文件是否齐全。

6. 电容器支架组装

（1）组装前，首先参照图纸尺寸，核对基础尺寸与图纸相符。

（2）绝缘子无破损，金属法兰无锈蚀。

（3）支架安装水平度≤3mm/m，支架立柱间距离误差≤5mm。

（4）支架连接螺栓紧固符合产品说明书要求。支架间垫片不得多于1片，厚度不大于3mm。

（5）金属构件无明显变形、锈蚀。

（6）电容器支架组装完毕后，三相支架同时进行校正，并进行螺栓紧固和焊接加固。

7. 电容器检查、搭配

（1）对电容器进行外观检查，电容器外观无破损、锈蚀和变形。

（2）安装前进行电容器搭配，使其相间电容量平衡，容量规格及型号必须符合设计要求。

（3）套管芯线棒无弯曲、滑扣现象，引出线端附件齐全，压接紧密。外壳无缺陷及渗油现象。

（4）安装用的型钢符合设计要求，无锈蚀，镀锌螺栓规格符合要求。

8. 电容器安装

（1）各台电容器铭牌、编号安装在通道侧，顺序符合设计要求。电容器外壳与固定电位连接牢固可靠。

（2）电容器可分层安装在支架上，层间绝缘距离符合说明书和设计要求，如无要求时不小于50mm。

（3）基础型钢及构架必须做好接地及防腐措施。

（4）熔断器安装排列整齐，倾斜角度应符合产品要求，指示器位置正确。

9. 电容器附属设备安装

（1）电容器附属设备主要包括放电线圈、避雷器、接地闸刀等。

（2）放电线圈瓷套无损伤，相色正确，接线牢固美观。

（3）接地闸刀操作灵活。

（4）避雷器在线检测仪接线正确。

10. 一次连线

（1）电容器连接线采用软导线，接线对称一致，整齐美观，压接牢固可靠，线端有防松散措施（见图 Z42I3001-2）。

图 Z42I3001-2　电容器连接线施工图

（2）电容器组用母排连接时，电容器套管（接线端子）不受机械应力，连接严密可靠，母排排列整齐，相色标识正确。

（3）电容器组一次连线符合设计与设备要求。

11. 接地施工

（1）凡不与地绝缘的每个电容器外壳应接地。

（2）电容器支架和网门应接地。

（3）接地点数量符合设计要求，接地应标识清晰。

12. 后期工作

（1）电容器组清洁、无渗漏，各连接部位紧固、接触可靠。

（2）按照产品的运行要求，检查各熔断器和指示器的位置是否正确。

（3）配合完成电气交接试验。

（4）相位标识正确。

（5）清理施工现场。

图 Z42I3001-3、图 Z42I3001-4 分别为安装完毕的装配式电容器组和集合式电容器组。

二、电容器组安装工艺要求

（1）电容器组的布置整齐，接线应正确，电容器组的保护回路应完整。

（2）外壳应无凹凸或渗漏油现象，引出端子连接牢固，垫圈、螺母齐全。

（3）放电回路应完整且操作灵活。

（4）户内电容器通风装置应良好。

图 Z42I3001-3 装配式电容器组

图 Z42I3001-4 集合式电容器组

（5）电容器端子连接线应符合设计要求，界线应对称一致，整齐美观，母线及分支线相色应清晰。

【思考与练习】

1. 电容器支架组装要求有哪些？

2. 电容器一次连线要求有哪些？

3. 电容器组安装工艺要求有哪些？

◢ 模块 2　电容器组安装质量验评及常见问题处理（Z42I3002）

【模块描述】本模块包含电容器组安装流程、安装方法及工艺要求，通过讲解掌握电容器组安装流程、安装调整方法及工艺要求。

【模块内容】本模块通过讲解电容器组安装质量验评、安装过程中的常见问题以及处理方法，熟知电容器组安装的质量要求，掌握电容器组安装常见问题的处理技能。

一、电容器组安装质量验评

（1）电容器组的布置与接线应正确，电容器组的保护回路应完整，检验一次接线同具有极性的二次保护回路关系应正确。

（2）三相电容量偏差值应符合设计要求。

（3）外壳应无凹凸或渗油现象，引出线端子连接应牢固，垫圈、螺母应齐全。

（4）熔断器的安装应排列整齐、倾斜角度符合设计、指示器正确，熔体的额定电流应符合设计要求。

（5）放电线圈瓷套应无损伤、相色正确、接线牢固美观。放电回路应完整，接地刀闸操作应灵活。

（6）电容器支架应无明显变形。

（7）电容器外壳及支架的接地应可靠、防腐完好。

（8）支持绝缘子外表清洁，完好无破损。

（9）串联补偿装置平台稳定性应良好，斜拉绝缘子的预拉力应合格，平台上设备连接应正确、可靠。

（10）交接试验应合格。

（11）室内电容器的通风装置应良好。

二、电容器组安装常见问题处理

（1）电容器安装串、并联接线方式不正确，根据设计图纸和厂家技术文件安装。

（2）电容、哈弗线夹、铜绞线安装方式不正确，造成电容上瓷套破损或连接不可靠发热。

1）电容、哈弗线夹、铜绞线连接时扳手扭力过大。哈弗线夹受力过大断裂。电容上瓷套破损，液体介质流出，电容损坏。

2）电容、哈弗线夹、铜绞线连接螺栓未紧固，连接不可靠，运行时发热，电容损坏。

电容、哈弗线夹、铜绞线连接可靠，搭接处均匀涂电力复合脂，哈弗线夹上下安装平垫片，用双螺帽按厂家技术文件规定的扭力拧紧。

（3）安装的电容器三相电容不平衡。安装前先对每只电容进行电容量试验，根据试验数据进行电容搭配，保证三相电容量平衡。

【思考与练习】

1. 电容器组安装质量验评主要有哪些？

2. 如何正确安装电容、哈弗线夹、铜绞线？

3. 电容器组安装常见问题有哪些？该如何处理？

第十三章

串联无功补偿装置安装及调整

▲ 模块 1 串补装置安装流程、安装方法及 工艺要求（Z42I4001）

【模块描述】本模块包含串补装置流程、安装方法及工艺要求，通过讲解，熟知安装流程，掌握串补装置安装调整方法。

【模块内容】本模块通过讲解串联补偿装置的安装流程、安装方法及工艺要求，熟知串联补偿装置的安装危险点及控制措施，掌握串联补偿装置安装方法。

一、串联补偿装置安装流程

串联补偿装置安装流程见图 Z42I4001-1。

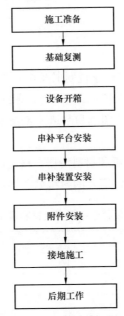

图 Z42I4001-1 串联补偿装置安装流程

二、串联补偿装置安装方法

1. 作业内容

串联补偿装置安装主要包括基础复测，设备开箱清点、整理，串联补偿装置平台安装，串联补偿装置安装，串联补偿装置附件安装，接地施工。

2. 危险点分析及安全控制措施

作业中危险点分析及控制措施见表 Z42I4001-1。

表 Z42I4001-1　　　　作业中危险点分析及控制措施

序号	危险点	控制措施
1	高处坠落及落物伤人	（1）高处作业系好安全带，不得攀爬瓷件。 （2）使用的检修平台或梯子应坚固完整、安放牢固，使用梯子有人扶持。 （3）传递物件必须使用传递绳，不得上下抛掷
2	起重伤害	（1）吊装有专人指挥、吊臂下严禁站人。 （2）起重工具使用前认真检查，严禁使用不合格的工具。 （3）设备起吊后应系好拉绳，防止摆动碰伤人员
3	机械伤害	严格执行机械操作使用规定，使用前严格检查
4	触电伤害（扩建变电所）	（1）搬动梯子等长物体时，需两人放倒搬运，与带电部位保持足够的安全距离。 （2）使用电动工具时，按规定接入漏电保护装置、接地线
5	误入带电间隔（扩建变电所）	（1）工作前向作业人员交代清楚临近带电设备，并加强监护。 （2）工作人员应走指定通道，在遮栏内工作，不得移动和跨越遮栏

3. 施工准备

（1）技术准备。

1）串联补偿装置应根据制造厂家说明书及相关要求编制安装调试方案。

2）制造厂家技术文件如说明书、试验报告、图纸等应齐备。

3）安装人员应熟悉施工设计图纸和制造厂家技术文件，掌握串联补偿装置的参数、性能特征。

（2）材料准备。根据施工图纸和材料清册，核定串联补偿装置安装所用材料的数量和规格。串联补偿装置安装通常需要的材料见表 Z42I4001-2（一组为例）。

表 Z42I4001-2　　　　串联补偿装置安装材料清单

序号	名称	数量	规格	备注
1	白布	20块		
2	电力复合脂	10支		
3	钢丝刷	10把		
4	砂布	20张		

序号	名称	数量	规格	备　注
5	电焊条	5kg		
6	防锈漆	1桶		
7	面漆	1桶		根据设计要求
8	相位漆	各1桶	黄色、绿色、红色、蓝色	

（3）工器具准备。串联补偿装置安装通常需要的工器具见表 Z42I4001-3（一组为例）。

表 Z42I4001-3　　　　　串联补偿装置安装工器具清单

序号	名称	数量	规格	备　注
1	吊机	1台	70t	
2	登高作业车或升降平台	1台		
3	链条葫芦	1台	2t	
4	电焊机	1台		
5	水准仪	1台		
6	经纬仪	1台		
7	枕木	40根		垫吊机支腿
8	梯子	4把	7挡、11挡各2把	根据支架高度配置
9	扭力扳手	1把	0~400N·m	根据安装螺栓力矩配置
10	尖子扳手	1把		
11	两用扳手	8把		根据螺栓规格配置
12	吊带	4根	10t	根据施工方案确定
13	安全带	4副		
14	锉刀	1把	细锉	
15	水平尺	1把		
16	毛刷	6把	2寸	

（4）人员组织。一般应配备安全员、质量员，安装负责人、安装人员、起重司索、起重指挥、测工、电焊工等，相关人员及特殊工种人员必须持证上岗。

（5）现场布置。按照《国家电网公司输变电工程安全文明施工标准化管理办法》要求进行现场布置。

　1）串联补偿装置安装前设备、材料、工器具应在指定位置统一堆放。

　2）吊装区域必须进行安全隔离，并放置起重作业区的标识牌。

　4. 基础复测

　（1）土建工程基本施工完毕，地面标高、尺寸、结构及预埋件均符合设计要求。

　（2）基础达到允许安装强度要求。

　（3）预埋件、基础地坪标高及水平误差符合设计及制造厂家要求。

　5. 设备开箱

　（1）安装前应按照装箱单检查零部件及附件、备件是否齐全。

　（2）检查铭牌数据是否与设计文件一致。

　（3）检查产品外表面有无损伤，电容有无渗漏，检查每只绝缘子是否有破损、胶合部位是否松动。

　（4）检查各紧固件是否牢固。

　（5）检查接线端子及载流部件是否清洁、接触是否良好。

　（6）检查制造厂家技术文件是否齐全。

　6. 串联补偿装置平台安装

　（1）检查支柱绝缘子，瓷件、法兰完整无裂纹，胶合处填料完整，结合牢固。

　（2）基础复测后，将串联补偿装置平台支柱绝缘子安装在基础上，校正支柱绝缘子，使其标高误差控制在 5mm 以内；支柱绝缘子叠装时，中心线一致。

　（3）支柱绝缘子固定牢固，紧固件齐全。

　（4）吊装串联补偿装置平台至支柱绝缘子上，校正串联补偿装置平台，确保其水平，满足制造厂家要求。

　（5）串联补偿装置平台固定牢固，紧固件齐全。

　7. 串联补偿装置安装

　（1）安装前，核对设备在平台上的基础尺寸与图纸相符。

　（2）检查支柱绝缘子，瓷件、法兰完整无裂纹，胶合处填料完整，结合牢固。

　（3）安装设备支架、支柱绝缘子并校正，使其满足制造厂家要求。

　（4）电容器安装。

　1）检查电容器外观无破损、锈蚀和变形，电容无渗漏。

　2）安装前进行电容器搭配，使其相间电容量平衡，容量规格及型号必须符合设计要求。

　3）电容器外壳与固定电位连接牢固可靠。

　4）电容器可分层安装在支架上，层间绝缘距离符合说明书和设计要求，如无要求时不小于 50mm。

5）熔断器安装排列整齐，倾斜角度应符合产品要求，指示器位置正确。

（5）串联补偿装置旁路断路器安装。

1）检查旁路断路器，外观无破损、无锈蚀。

2）安装并校正旁路断路器，固定牢固，紧固件齐全。

3）调试断路器各动作特性满足制造厂家要求。

4）配合完成断路器电气交接试验。

（6）过电压限制器（MOV）安装。

1）检查过电压限制器（MOV）外观无破损、锈蚀，瓷件、法兰完整无裂纹，胶合处填料完整，结合牢固。

2）安装并校正过电压限制器（MOV），固定牢固，紧固件齐全。

（7）火花间隙安装。检查火花间隙外观无破损、无锈蚀，安装并校正火花间隙，间隙距离满足制造厂家要求，固定牢固，紧固件齐全。

（8）阻尼电抗及电阻安装。

1）检查阻尼电抗及电阻外观无破损、锈蚀，瓷件、法兰完整无裂纹，胶合处填料完整，结合牢固。

2）安装并校正阻尼电抗及电阻，固定牢固，紧固件齐全。

3）做好隔磁措施。

（9）隔离开关安装。

1）检查隔离开关外观无破损、锈蚀，瓷件、法兰完整无裂纹，胶合处填料完整，结合牢固。

2）安装隔离开关本体至支架底座上。

3）配置隔离开关机构及连杆。

4）调整隔离开关，使其满足制造厂家要求。

5）整隔离开关固定牢固，紧固件齐全。

（10）电流互感器。

1）检查电流互感器外观无破损、锈蚀，瓷件、法兰完整无裂纹，胶合处填料完整，结合牢固。

2）安装并校正电流互感器，固定牢固，紧固件齐全。

（11）管母和设备连线。

1）测量并制作管母和设备连线。

2）安装管母固定金具，并校正。

3）安装并校正管母，固定牢固，紧固件齐全。

4）安装设备连线，固定牢固，紧固件齐全。

8. 串联补偿装置附件安装

安装二次电缆、光缆，满足设计及制造厂家要求。

9. 接地施工

串联补偿装置的接地宜采用铜排和扁铁，应符合以下要求：

（1）每相串联补偿装置平台支柱绝缘子均应接地。

（2）接地点位置、数量满足设计及制造厂家要求。

10. 后期工作

（1）串联补偿装置清洁，各连接部位紧固、接触可靠。

（2）配合完成电气交接试验。

（3）相位标识正确。

（4）清理施工现场。

图 Z42I4001-2 为安装完毕的串联补偿装置。

图 Z42I4001-2 串联补偿装置

三、串联补偿装置安装工艺要求

（1）串联补偿装置的安装应在制造厂专业技术人员指导下进行，施工单位应编制详细的施工方案。

（2）串联补偿装置平台基础强度应符合产品技术文件要求，回填土应夯实。

（3）基础复测应符合产品技术文件要求，产品技术文件没有规定时，应符合下列规定：

1）基础中心线对定位轴线位置的允许偏差应为 5mm，支柱绝缘子的基准点标高允许偏差应为±3mm，基础水平度允许偏差应为 $L/1000$mm。

2）地脚螺栓中心允许偏差应为 2mm，地脚螺栓露出长度允许偏差应为 0～20mm，地脚螺栓螺纹长度允许偏差应为 0～20mm。

（4）支柱绝缘子安装前的检查，应符合下列要求：

1）绝缘子与金属法兰胶装部位应密实牢固、涂有性能良好的防水胶；法兰结合面应平整、无外伤或铸造砂眼。支柱绝缘子外观不得有裂纹、损伤。

2）测量每节绝缘子的长度，并根据基础实测标高进行选配。

（5）串联补偿装置平台金属构件安装前检查，应无变形、无锈蚀，热镀锌质量良好。

（6）串联补偿装置平台安装，应符合下列要求：

1）所有部件应齐全、完整。

2）安装螺栓应齐全、紧固，紧固力矩应符合产品技术文件要求。

3）在平台上设备安装前、安装后，应调整串联补偿平台装置斜拉绝缘子，使平台支持绝缘子保持垂直，并检查斜拉绝缘子的预拉力，应符合产品技术文件要求。

（7）串联补偿装置中的设备安装，应符合下列规定：

1）平台上电容器的组装和安装，过电压限制器（MOV）、火花间隙、阻尼电抗、电阻以及管母和设备连线等，应在平台稳定后进行。

2）平台上设备的安装，应符合设计图纸、产品技术文件的要求。

【思考与练习】

1. 简述串联补偿装置安装流程。

2. 串联补偿装置接地施工有哪些要求？

3. 串联补偿装置安装工艺有哪些要求？

▲ 模块 2　串补装置安装质量验评及常见问题处理
（Z42I4002）

【模块描述】本模块包含串补装置安装常见问题的处理，通过讲解和案例分析，掌握串补装置安装常见问题的处理技能。

【模块内容】本模块通过讲解串补装置安装质量验评、安装过程中的常见问题以及处理方法，熟知串补装置安装的质量要求，掌握串补装置安装常见问题的处理技能。

一、串联补偿装置安装质量验评

（1）基础中心线对定位轴线位置的允许偏差应为 5mm，支柱绝缘子的基准点标高允许偏差应为 ±3mm，基础水平度允许偏差应为 $L/1000$mm。

（2）地脚螺栓中心允许偏差应为 2mm，地脚螺栓露出长度允许偏差应为 0～20mm，地脚螺栓螺纹长度允许偏差应为 0～20mm。

（3）支柱绝缘子、瓷件、法兰完整无裂纹，胶合处填料完整，结合牢固。

（4）串联补偿装置平台符合下列要求：

1）串联补偿装置平台无变形、无锈蚀，热镀锌质量良好。

2）所有部件应齐全、完整。

3）安装螺栓应齐全、紧固，紧固力矩应符合产品技术文件要求。

4）平台支持绝缘子保持垂直，斜拉绝缘子的预拉力符合产品技术文件要求。

（5）电容器组安装符合下列要求：

1）电容器支架无变形、无锈蚀，热镀锌质量良好。

2）电容器外观无破损、无锈蚀和变形，电容无渗漏。

3）三相电容量偏差值应符合设计要求。

4）外壳应无凹凸或渗油现象，引出线端子连接应牢固，垫圈、螺母应齐全。

5）熔断器的安装应排列整齐、倾斜角度符合设计、指示器正确，熔体的额定电流应符合设计要求。

6）放电绕组瓷套应无损伤、相色正确、接线牢固美观。放电回路应完整，接地刀闸操作应灵活。

7）电容器外壳及支架的接地应可靠、防腐完好。

8）支持绝缘子外表清洁，完好无破损。

（6）阻尼电抗安装应符合下列要求：

1）线圈应无变形，外部的绝缘漆应完好。

2）支柱绝缘子的接地应良好。

（7）旁路断路器外观无破损、锈蚀，动作特性符合制造厂家要求。

（8）火花间隙距离满足设计及制造厂家要求。

（9）电流互感器安装符合下列要求：

1）外观无破损、锈蚀和变形。

2）油位正常、无渗漏。

（10）管型母线安装符合下列要求：

1）母线平直，端部整齐，挠度$<D/2$（D 为管型母线直径）。

2）三相平行，相距一致。

3）一段母线中，除中间位置采用紧固定外，其余均采用滑动固定。

4）金具规格应与管型母线相匹配。

5）伸缩节设置合理，安装美观。

二、串补装置安装常见问题处理

（1）安装的电容器三相电容不平衡。安装前先对每只电容进行电容量试验，根据试验数据进行电容搭配，保证三相电容量平衡。

（2）阻尼电抗器安装不当会造成漏磁。由于电抗器无铁芯，空间存在强大的磁场，只要磁场范围内存在较大铁磁物质或闭环金属体，就将产生漏磁。在安装过程中要注意以下几点：

1）电抗器安装使用非磁性材料。电抗器与支柱绝缘子连接使用非磁性不锈钢螺栓。

2）设备支架安装做好隔磁措施。

3）设备支架的接地线不应形成闭合环路，同时不得与地网形成闭合环路。

（3）火花间隙安装未满足设计及制造厂家要求。水平安装火花间隙、间距满足设计及制造厂家要求。

【思考与练习】

1. 串联补偿装置安装质量验评内容有哪些？

2. 串补装置安装常见问题有哪些？如何处理？

3. 火花间隙安装要求有哪些？

第十四章

高压开关柜安装及调整

▲ 模块 1 高压开关柜安装流程、安装方法及工艺要求（Z42I5001）

【模块描述】本模块包含高压开关柜安装流程、安装方法及工艺要求，通过讲解，熟知高压开关柜安装流程，掌握安装调整方法。

【模块内容】本模块通过讲解高压开关柜的安装流程、安装方法及工艺要求，熟知高压开关柜的安装危险点及控制措施，掌握高压开关柜安装方法。

一、高压开关柜安装流程

高压开关柜安装流程见图 Z42I5001-1。

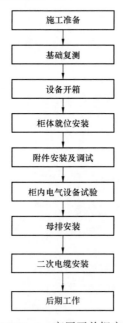

图 Z42I5001-1 高压开关柜安装流程

二、高压开关柜安装方法

1. 作业内容

高压开关柜安装主要包括基础复测，设备开箱清点、整理，柜体就位安装，附件安装及调试，柜内电气设备安装、试验，母排制作、安装，二次电缆安装。

2. 危险点分析及安全控制措施

作业中危险点分析及控制措施见表 Z42I5001-1。

表 Z42I5001-1　　　　　　　　作业中危险点分析及控制措施

序号	危险点	控制措施
1	人身伤害	（1）高处作业系好安全带，不得攀爬瓷件。 （2）使用的检修平台或梯子应坚固完整、安放牢固，使用梯子有人扶持。 （3）传递物件必须使用传递绳，不得上下抛掷
2	起重伤害	（1）吊装有专人指挥、吊臂下严禁站人。 （2）起重工具使用前认真检查，严禁使用不合格的工具。 （3）设备起吊后应系好拉绳，防止摆动碰伤人员
3	机械伤害	（1）严格执行工具使用规定，使用前严格检查。 （2）调试开关时应有专人监护，进行操作时工作人员勿碰开关传动部位
4	触电伤害 （扩建变电站）	（1）搬动梯子等长物体时，需两人放倒搬运，与带电部位保持足够的安全距离。 （2）使用电动工具时，按规定接入漏电保护装置、接地线
5	误入带电间隔 （扩建变电所）	（1）工作前向作业人员交代清楚临近带电设备，并加强监护。 （2）工作人员应走指定通道，在遮栏内工作，不得移动和跨越遮栏

3. 施工准备

（1）技术准备。组织施工人员学习施工设计图纸和厂家技术文件，施工人员掌握高压开关柜的安装流程、安装方法及工艺要求。

（2）材料准备。根据施工图纸和材料清册，核定高压开关柜安装所用材料的数量和规格。高压开关柜安装通常需要的材料见表 Z42I5001-2（10 面一列为例）。

表 Z42I5001-2　　　　　　　　高压开关柜安装材料清单

序号	名称	数量	规格	备注
1	白布	10 块		
2	酒精	10 瓶	0.5kg	
3	电力复合脂	2 支		
4	电焊条	5kg	一包	
5	防锈漆	1 桶	3kg	

序号	名称	数量	规格	备 注
6	面漆	1 桶	3kg	
7	相位漆	各 1 桶	黄色、绿色、红色、蓝色	

（3）工器具准备。高压开关柜安装通常需要的工器具见表 Z42I5001-3（10 面一列为例）。

表 Z42I5001-3 　　　　　　高压开关柜安装工器具清单

序号	名称	数量	规格	备 注
1	吊机	1 台	16t	
2	电焊机	1 台		
3	多功能弯排机	1 台		含切断、冲孔功能
4	水准仪	1 台		
5	经纬仪	1 台		
6	枕木	16 根		垫吊机支腿
7	梯子	1 把	5 挡	
8	扭力扳手	1 把	0～400N·m	根据安装螺栓规格力矩配置
9	两用扳手	6 把		根据安装螺栓规格配置
10	吊带	2 根	2t	
11	安全带	2 副		
12	水平尺	1 把		
13	毛刷	6 把	2 寸	

（4）人员组织。一般应配备安全员、质量员、安装负责人、安装人员、起重司索、起重指挥、测工、电焊工等，相关人员及特殊工种人员必须持证上岗。

（5）现场布置。按照《国家电网公司输变电工程安全文明施工标准化管理办法》要求进行现场布置。

1）开关柜安装前设备、材料、工器具应在指定位置统一堆放。

2）吊装区域必须进行安全隔离，并放置起重作业区的标识牌。

4. 基础复测

高压开关柜基础应符合以下要求：

（1）与柜安装有关的建筑物、构筑物土建工程已结束并验收合格。

（2）可能影响已安装设备或设备安装后不能再进行修饰的工作全部结束。

5. 设备开箱

（1）高压开关柜的规格和型号、柜内配套的电气元件、设备的规格型号应符合设计的要求，元件、设备完好，附件、备品备件齐全，充气设备压力正常无漏气现象，仪表、继电器外观完好。

（2）制造厂设备技术文件及合格证明文件齐全。

（3）开箱检查工作结束后，开关柜存放在室内或干燥、能避风沙的场所，对有特殊存放要求的柜内电气元件，应按要求妥善保管。

6. 柜体就位安装

（1）开关柜基础测量满足安装要求。

（2）开关柜就位前，对室内地面采取敷设地胶板等措施，做好土建成品的保护工作。并将本期不安装的空柜的孔洞用临时盖板封住，临时盖板的承重力应满足承受安装过程中人员的质量。

（3）开关柜就位过程中，应根据现场土建施工情况，采用中心向两边或单侧起立方式，确保成套柜的整齐排列。

（4）开关柜开箱后搬驳运就位过程中，避免大幅晃动冲撞，对需垂直运输的柜不得横抬，质量较大时，可在柜底用"溜滚"拖运，在运输过程中注意避免柜变形、元件受损，对重心较高的柜采取防倾倒措施，不得抓住断路器的接线端子搬运断路器。

（5）开关柜与基础的固定用螺栓连接，柜间采用螺栓连接。柜体在基础型钢上安装前，按实际尺寸画印、开孔、攻丝后再用螺栓固定。制造厂家有特殊要求时按制造厂家要求进行。

（6）开关柜就位后调整其垂直度、水平度及柜面不平度，在柜与基础型钢间垫入调整用垫片，最多不超过三片，垫片与垫片间、垫片与型钢间用电焊固定。

7. 附件安装及调试

（1）手车推拉应轻便、灵活，无卡阻、无碰撞现象，相同型号的手车（含接地手车）能互换。

（2）动触头与静触头的中心线成一列，触头接触紧密，手车推入工作位置后，动触头部与静触头底部的间隙符合产品技术要求。

（3）调整辅助开关、切换开关、限位开关，使其触点动作可靠，接触良好。

（4）防止电气误操作的"五防"装置齐全，动作灵活可靠。

（5）柜内照明应齐全。

（6）安全隔离板开启灵活。

（7）手车与柜体间的接地触头接触紧密，当手车推入柜内时，其接地触头应比主触头先接触，拉出时顺序相反。

8. 柜内电气设备试验

（1）各电气元件能单独拆装更换，不得影响其他电气设备的固定。

（2）发热元件与导线及其他元件有一定的距离，发热元件散热不得影响其他元件的使用和运行。

（3）电流试验端子及切换压板装置接触良好，相邻压板间有足够距离，切换时不碰及相邻压板，对于一端带电的切换压板，使其在压板断开的情况下，活动端不带电。

（4）继电器、信号灯、光字牌等设备应安装牢固，并有防震措施，在柜内电气设备操作时不应误动或失灵。

9. 母排安装

（1）母排安装按有关硬母线、电力电缆安装工艺标准进行，进出线母排弯制方法宜统一。每个母线的连接螺栓必须按要求力矩紧固。

（2）成套柜母排安装还应符合下列规定：

1）与各柜内引下线的搭接紧密，不得使柜内引线及电气设备端子受扭力。

2）主母线及柜与柜间连接线安装时，满足最小安全净距的要求，同时不影响柜内电气设备的拆卸。

3）主母线的相位与设计及户内、外电气设备相符。

4）主母线与主变压器母线桥搭接时，按设计要求加工、安装母线桥钢支架，在与成套柜框架连接时，宜用螺栓连接，如用焊接，应有防止框架变形及柜内设备受损的措施。

5）电力电缆进入柜内，电缆终端有单独固定支架，电缆与设备连接时，不得使设备承受拉力。

10. 二次电缆安装

（1）二次线、控制电缆安装应符合有关安装工艺标准。

（2）成套柜上二次线及控制电缆的安装还应符合下列规定：

1）使用于连接可动部位的导线应用多股软导线，敷设时不宜太紧，有适当余度，可动部分有加强绝缘层，并用卡子将两端固定。

2）柜内控制电缆位置不应妨碍手车的进出，并固定牢固，电器闭锁装置切换可靠，动作正确。

3）监控一体成套柜内的软光缆应有护套保护并与控制电缆分开固定。

11. 后期工作

（1）基础型钢与接地网可靠连接，连接处明显可见，避雷器柜的避雷器接地与主地网引上线可靠连接。

（2）柜的接地牢固、良好。装有电器的可开启柜门，用软导线与接地的金属框架可靠连接，成套柜应装有供便携式接地线使用的固定接地设施（手车式配电柜除外）。

（3）安装结束，及时收集、清点、整理安装工具和与成套柜不相干的零件，对施工现场、柜内电气设备及母线进行清扫，所有孔洞应进行封堵。

（4）对开关柜进行整体耐压试验。

三、高压开关柜安装工艺要求

（1）基础型钢的检查，应符合产品技术文件要求，当产品技术文件没做要求时，应符合下列规定：

1）允许偏差应符合表 Z42I5001-4 的规定。

2）基础型钢安装后，其顶部标高在产品技术文件没有要求时，宜高出抹平地面10mm。基础型钢应有明显的可靠接地。

表 Z42I5001-4　　　　　　　基础型钢允许偏差表

项目	允许偏差	
	mm/m	mm/全长
不直度	<1	<5
水平度	<1	<5
位置偏差及不平行度	—	<5

（2）开关柜按照设计图纸和制造厂编号顺序安装，柜及柜内设备与各构件间连接应牢固。

（3）开关柜单独或成列安装时，其垂直度、水平偏差以及柜面偏差和柜间连接缝的允许偏差，应符合表 Z42I5001-5 的规定。

表 Z42I5001-5　垂直度、水平偏差以及柜面偏差和柜间连接缝的允许偏差

项　目		允许偏差
垂直度		<1.5mm/m
水平偏差	相邻两盘顶部	<2mm
	成列盘顶部	<2mm
盘间偏差	相邻两盘边	<1mm
	成列盘面	<1mm
盘间接缝		<2mm

（4）成列开关柜的接地母线，应有两处明显的与接地网可靠连接点，金属柜门应以铜软线与接地的金属构架可靠连接，成套柜应装有供检修用的接地装置。

（5）开关柜的安装应符合产品技术文件要求，并应符合下列规定：

1）手车或抽屉单元的推拉应灵活轻便、无卡阻、碰撞现象，具有相同额定值和结构的组件，应检验具有互换性。

2）机械闭锁、电气闭锁应动作准确、可靠和灵活，具备防止电气误操作的"五防"功能（即防止误分、合断路器，防止带负荷分、合隔离开关，防止接地开关合上时（或带接地线）送电，防止带电合接地开关（挂接地线），防止误入带电间隔等功能。

3）安全隔离板开启应灵活，并应随手车或抽屉的进出而相应动作。

4）手车推入工作位置后，动触头顶部与静触头底部的间隙，应符合产品技术文件要求。

5）动触头与静触头的中心线应一致，触头接触应紧密。

6）手车与柜体间的接地触头应接触紧密，当手车推入柜内时，其接地触头应比主触头先接触，拉出时接地触头应比主触头后断开。

7）手车或抽屉的二次回路连接插件（插头与插座）应接触良好，并应有锁紧措施；插头与开关设备应有可靠的机械连锁，当开关设备在工作位置时，插头应拔不出来；其同一功能单元、同一种型式的高压电器组件插头的接线应相同、能互换使用。

8）仪表、继电器等二次元件的防震措施应可靠。控制和信号回路应正确，并应符合《电气装置安装工程盘、柜及二次回路接线施工及验收规范》（GB 50171—2012）的有关规定。

9）螺栓应紧固，并应具有防松措施。

（6）高压开关柜内的 SF_6 断路器、隔离开关、接地开关以及熔断器、负荷开关、避雷器应按照本教材相关章节的规定执行。

【思考与练习】

1. 开关柜就位安装有哪些要求？

2. 高压开关柜内电气设备调整试验主要包括哪些？

3. 开关柜单独或成列安装时，其垂直度、水平偏差以及柜面偏差和柜间连接缝的允许偏差是多少？

◢ 模块 2　高压开关柜安装质量验评及常见问题处理（Z42I5002）

【模块描述】本模块包含高压开关柜安装常见问题处理，通过讲解，掌握高压开关柜常见问题处理技能。

【模块内容】本模块通过讲解高压开关柜安装质量验评、安装过程中的常见问题以及处理方法，熟知高压开关柜安装的质量要求，掌握高压开关柜安装常见问题的处理技能。

一、高压开关柜安装质量验评

（1）开关柜内断路器应固定牢靠，外观应清洁。

（2）电气连接应可靠且接触良好。

（3）断路器与操动机构联动应正常、无卡阻，分、合闸指示应正确，辅助开关动作应准确、可靠。

（4）并联电阻的电阻值、电容器的电容值，应符合产品技术文件要求。

（5）绝缘部件、瓷件应完好无损。

（6）高压开关柜应具备防止电气误操作的"五防"功能。

（7）手车或抽屉式高压开关柜在推入或拉出时应灵活，机械闭锁应可靠。

（8）高压开关柜所安装的带电显示装置应显示、动作正确。

（9）交接试验应合格。

（10）油漆应完整、相色标志应正确，接地应良好、标识清楚。

二、高压开关柜安装常见问题处理

（1）高压开关柜基础误差不满足要求。

1）高压开关柜体前后基础误差不满足要求。手车或抽屉单元的推拉卡阻；动触头与静触头的中心线出现高低偏差，触头接触不紧密。

2）高压开关柜间基础误差不满足要求。主母线在柜间安装时出现高低偏差，导致主母线搭接处受力变形。

（2）主母线相间或与柜体间的距离未满足最小电气安全距离的要求。主母线相间或与柜体间的距离小于最小电气安全距离。主母线外表面涂绝缘材料或加热缩套，长期运行后，外表面绝缘材料老化，绝缘降低，主母线相间或对柜体放电，可能发生人身、设备事故，严重时导致整个开关柜室发生火灾。

1）安装时主母线相间或与柜体间的距离满足最小电气安全距离的要求。

2）如果主母线相间或与柜体间的距离小于最小电气安全距离，应在主母线相间、与柜体间采用绝缘隔板，绝缘隔板应使用防火材料，绝缘性能好、不易受环境（高温、潮气）影响。

（3）行程开关调节不当。行程开关是控制电动机储能位置的限位开关，当电机储能到位时将电动机电源切断。

1）行程开关限位调节过高。机构储能已满，电动机空转，储能指示灯不亮，只有打开控制开关才能使电动机停止。

2）行程开关限位调节过低。机构储能未满提前停机，由于储能不到位开关不能合闸，调节限位的方法是手动慢慢储能找到正确位置，并且紧固。

【思考与练习】

1. 高压开关柜安装质量验评主要有哪几方面？

2. 当高压开关柜主母线相间或与柜体间的距离小于最小电气安全距离时，安装中应如何解决？

3. 行程开关限位调节过高、过低会产生什么后果？应如何调整？

第六部分

母线及接地装置安装

第十五章

硬 母 线 安 装

▲ 模块 1　硬母线安装流程，支撑式硬母线支架、支柱绝缘子安装方法及工艺要求（Z42J1001）

【模块描述】本模块包含硬母线安装流程，支撑式硬母线支架、支柱绝缘子安装方法及工艺要求。通过讲解，熟知硬母线安装流程，掌握支撑式硬母线支架和支持绝缘子的吊装、校正方法及工艺要求。

【模块内容】本模块主要介绍硬母线安装流程，支撑式硬母线支架、支柱绝缘子安装方法及工艺要求，通过讲解和学习，熟知硬母线安装流程，掌握支撑式硬母线支架、支柱绝缘子安装方法及工艺要求。

一、硬母线安装流程

硬母线安装流程见图 Z42J1001-1。

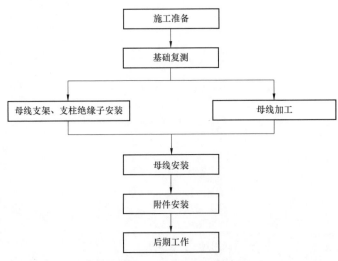

图 Z42J1001-1　硬母线安装流程

二、支撑式硬母线支架、支柱绝缘子安装方法

1. 作业内容

支撑式硬母线支架、支柱绝缘子安装主要包括支撑式硬母线支架加工、安装，支柱绝缘子安装。

2. 危险点分析及安全控制措施

作业中危险点分析及控制措施见表 Z42J1001-1。

表 Z42J1001-1　　　　　　作业中危险点分析及控制措施

序号	危险点	控制措施
1	高处坠落及落物伤人	（1）高处作业系好安全带，不得攀爬瓷件。 （2）使用的检修平台或梯子应坚固完整、安放牢固，使用梯子有人扶持。 （3）传递物件必须使用传递绳，不得上下抛掷
2	起重伤害	（1）吊装有专人指挥、吊臂下严禁站人。 （2）起重工具使用前认真检查，严禁使用不合格的工具。 （3）设备起吊后应系好拉绳，防止摆动碰伤人员
3	机械伤害	严格执行机械操作使用规定，使用前严格检查
4	触电伤害 （扩建变电站）	（1）搬动梯子等大物体时，需两人放倒搬运，与带电部位保持足够的安全距离。 （2）使用电动工具时，按规定接入漏电保护装置、接地线。 （3）带电设备周围严禁使用金属尺进行测量
5	误入带电间隔 （扩建变电站）	（1）工作前向作业人员交代清楚临近带电设备，并加强监护。 （2）工作人员应走指定通道，在遮栏内工作，不得移动和跨越遮栏

3. 施工准备

（1）技术准备。支撑式硬母线支架、支柱绝缘子安装前，应熟悉施工设计图及有关设计文件，确认硬母线支架及支柱绝缘子型号、规格、数量。编制管型母线施工方案。

（2）材料准备。支撑式硬母线支架、支柱绝缘子安装通常需要的材料见表 Z42J1001-2（一组为例）。

表 Z42J1001-2　　支撑式硬母线支架、支柱绝缘子安装材料清单

序号	名称	数量	备注
1	白布	5块	
2	电焊条	5kg	
3	防锈漆	1桶	
4	面漆	1桶	根据设计要求
5	相位漆	各1桶	黄色、绿色、红色、蓝色

序号	名称	数量	备 注
6	镀锌槽钢	6m	[10
7	镀锌角钢	6m	∠50×5

（3）工器具准备。支撑式硬母线支架、支柱绝缘子安装通常需要的工器具见表 Z42J1001-3（一组为例）。

表 Z42J1001-3　支撑式硬母线支架、支柱绝缘子安装工器具清单

序号	名称	数量	规格	备 注
1	吊机	1台		
2	登高作业车或升降平台	1台		根据所安装母线的高度配置
3	电焊机	1台		
4	切割机	1台		
5	多功能弯排机	1台		含冲孔、切割等功能
6	台钻	1台		
7	水准仪	1台		
8	经纬仪	1台		
9	吊带	2根	1t	
10	安全带	2根		
11	枕木	12根		垫吊机支腿
12	梯子	1把	11挡	
13	扭力扳手	1把	0～400N·m	根据安装螺栓力矩配置
14	两用扳手	4把		根据螺栓规格配置
15	水平尺	1把		
16	卸扣	2只	3t	
17	漆刷	6把	2寸	

（4）人员组织。安全员、质量员、安装负责人、安装人员、起重司索、起重指挥、测工、电焊等特殊工种人员必须持证上岗。

（5）现场布置。按照《国家电网公司输变电工程安全文明施工标准化管理办法》要求进行现场布置。

1）安装前设备、材料、工器具应在指定位置统一摆放。

2）吊装区域必须进行安全隔离，并放置起重作业区的标识牌。

4. 基础复测

（1）复核与硬母线安装相关的建筑物构件和构支架的标高、水平度、垂直度以及预留孔位置、尺寸应符合设计要求。

（2）有可能损坏已安装母线装置或母线安装后不能再进行的工作全部结束。

5. 支撑式硬母线支架安装

（1）根据硬母线现场布置方式，测量需加工的支撑式硬母线支架尺寸。

（2）根据测量尺寸，加工支撑式硬母线支架，加工后及时做好防腐处理。

（3）安装支撑式硬母线支架。将支撑式硬母线支架安装于预留孔或预埋件，固定牢固。

6. 支柱绝缘子安装

（1）检查支柱绝缘子外观清洁无裂纹、损伤，瓷套与法兰间黏合牢固。

（2）将支柱绝缘子装于硬母线支架上，固定牢固。

（3）校正支撑式硬母线支架及支柱绝缘子位置，确保满足硬母线安装要求。

7. 后期工作

（1）检查所有螺栓已紧固，清洁设备表面。

（2）清理施工现场。

三、支撑式硬母线支架、支柱绝缘子安装工艺要求

（1）支持绝缘子固定的底座、支架应预先安装在同一水平面或垂直面上，螺栓预埋时，宜采用专用样板，螺栓位置应校正平直，与绝缘子固定时，应露出2～3扣。

（2）安装在同一水平面或垂直面上的支柱绝缘子，应位于同一水平面上，其中心位置应符合设计的要求。母线直线段的支柱绝缘子的安装中心应在同一直线上。施工中可把两侧支持绝缘子先行调好，再在两绝缘子顶面中心线拉一直线，校正其他绝缘子的左右、高低位置。

（3）支持绝缘子安装时，其底座或法兰盘不得埋入混凝土或抹灰层内。支持绝缘子、支架在调整时允许放置调整用的垫片，其片数不得超过三片，各片间应焊接牢固。多节支持绝缘子及母线支持金具宜在地面统一组装，一次起吊就位。支持绝缘子叠装时，中心线应一致，固定应牢固，紧固件应齐全。

【思考与练习】

1. 简述硬母线安装流程。

2. 支撑式硬母线支架、支柱绝缘子安装方法及工艺要求有哪些？

3. 硬母线主要分哪几种？

▲ 模块2 硬母线制作方法及工艺要求（Z42J1002）

【模块描述】本模块包含硬母线制作方法、工艺要求通过讲解和实训，掌握硬母线拼装、焊接、校正的方法和工艺要求。

【模块内容】本模块主要介绍矩形母线、管型母线制作方法和工艺要求。通过讲解和学习，掌握矩形母线、管形母线制作方法和工艺要求。

一、管形母线制作方法

1. 作业内容

管型母线制作主要包括管母下料、管型母线坡口、加强孔制作及补强衬管制作，管型母线焊接，管型母线预弯、附件安装。

2. 危险点分析及安全控制措施

作业中危险点分析及控制措施见表 Z42J1002-1。

表 Z42J1002-1 作业中危险点分析及控制措施

序号	危险点	控制措施
1	机械伤害	严格执行机械操作使用规定，使用前严格检查
2	触电伤害（扩建变电站）	（1）工作前向作业人员交代清楚临近带电设备，并加强监护。 （2）使用电气工具时，按规定接入漏电保护装置、接地线

3. 施工准备

（1）技术准备。根据施工设计图及设计文件，确定管型母线制作所需的型号、规格、数量。

（2）材料准备。管型母线制作通常需要的材料见表 Z42J1002-2（一段为例）。

表 Z42J1002-2 管型母线制作材料清单

序号	名称	数量	备 注
1	砂皮	10 张	
2	焊条	10kg	与主材成分一致

（3）工器具准备。管型母线制作通常需要的工器具见表 Z42J1002-3（一段为例）。

表 Z42J1002–3 管型母线制作工器具清单

序号	名 称	数量	规格	备 注
1	管型母线切割机	1 台		
2	坡口机	1 台		根据管型母线规格配置
3	氩弧焊机	1 台		
4	手枪电钻	2 把		
5	枕木	20 根		垫吊机支腿
6	经纬仪	1 台		
7	水平仪	1 台		
8	焊接专用滚轮	15 只		根据管型母线规格配置
9	角向磨光机	1 台		
10	电动钢丝刷	5 把		配合角向磨光机使用

（4）人员组织。一般应配备安全员、质量员、管型母线制作负责人、管型母线制作人员，氩弧焊工等，相关人员及特殊工种必须持证上岗。

（5）现场布置。按照《国家电网公司输变电工程安全文明施工标准化管理办法》要求进行现场布置。

1）管型母线制作前设备、材料、工器具应在指定位置统一摆放。

2）焊接区域必须进行安全隔离，并放置禁止车辆通行的指示牌。

4. 管型母线下料

（1）检查管型母线表面光滑、无毛刺，管型母线型号、规格、数量符合设计要求。

（2）管型母线下料应按照先长后短的原则，以便减少焊接接头和节约材料。

（3）管型母线下料时应注意，管型母线焊接接头必须避开管型母线固定金具和隔离开关静触头固定金具 50mm 以上。

5. 管型母线坡口、加强孔制作及补强衬管制作

（1）管子的坡口应用机械加工，坡口应光滑、均匀、无毛刺，应符合相关规范要求。在制作坡口时，应随时调整坡口机刀具，使管型母线切割面与管母中心线垂直，同时管型母线轴线与坡口机轴心应吻合。管型母线端头不整齐时可用切割机将多余部分切去。

（2）为保证焊接后的管型母线强度，管型母线焊接端头处应钻加强孔，加强孔的大小、数量及分布尺寸应根据图纸施工，不得随意变动。

（3）补强衬管制作：可按管型母线的内径减去 1mm 作为衬管外径，直接在材料

单中开列，穿入管型母线前，焊接部位应用细砂纸进行充分打磨，去掉表面氧化层。衬管的纵向轴线应位于焊口中央，衬管与管型母线的间隙为 0.5mm。

6. 管型母线焊接

（1）将作业场地平整好，按 2m 距离放置好枕木，将焊接支架滚轮固定在枕木上分别用经纬仪及水平仪进行找直找平工作，并在焊接过程中随时检查。

（2）管型母线试焊：每种规格管型母线焊接两组试件送验，检验合格后方可正式焊接。

（3）焊接前对弯曲挠度超过规范规定的应进行校正使其符合规范要求。

（4）采用氩弧焊机进行焊接，焊丝的性能及化学成分应与管型母线一致，焊接接头处、加强孔四周及焊丝应用细砂纸充分打磨，去除表面氧化层。焊接前应充分加热，使之焊接时管型母线与衬管应充分融合，以保证焊接强度。

（5）焊接工作场应采取避风措施，衬管位于管型母线焊口中央，在补强孔定位焊接后，再于坡口处将管型母线及衬管焊接固定，焊接过程符合规程要求。

（6）焊接过程中要避免过多断弧，焊接时应采取均匀滚动焊接，避开仰焊，需转动管型母线时应两根管型母线同时转动。

（7）焊接好后的管型母线应待冷却后方可搬运，放置在多点支撑平整的枕木上。

7. 管型母线预弯（支撑式安装的管型母线）

（1）把焊接好的管型母线放置在两个支撑点上，并将管型母线静触头等金具安装上（支撑点位置按图纸安装尺寸），测量自然弧垂。

（2）预弯采用拉力成型的施工方法，首先试弯一根，以统计技术数据。

（3）管型母线在预弯过程中应逐次增大拉力，并在管型母线的弯曲位置做好标志，同时做好记录，以备参考。

（4）把预弯好的管型母线按安装位置固定在支架上，装上静触头，测量弧垂。预弯好后管型母线的弧垂略拱一点（10～20mm），并标明安装位置。要注意中相和边相弧垂的区别，同时注意备用间隔要区别对待。

8. 附件安装

（1）阻尼导线安装。检查阻尼线表面无毛刺，型号符合设计要求，根据管型母线长度切割阻尼导线，安装于管型母线中，阻尼导线两侧固定牢固。

（2）管型母线终端球安装。检查终端球表面光滑、无毛刺，型号符合设计要求，安装于管型母线两侧，终端球应有滴水孔。

9. 后期工作

（1）检查所有螺栓，清洁管型母线表面。

（2）相位标识正确。

（3）清理施工现场。

二、矩形母线制作方法

1. 作业内容

矩形母线制作主要包括矩形母线下料，矩形母线弯制。

2. 危险点分析及安全控制措施

作业中危险点分析及控制措施见表 Z42J1002–4。

表 Z42J1002–4　　　　作业中危险点分析及控制措施

序号	危险点	控制措施
1	机械伤害	严格执行工具使用规定，使用前严格检查
2	触电伤害（扩建变电站）	使用电气工具时，按规定接入漏电保护装置、接地线

3. 施工准备

（1）技术准备。根据施工设计图及设计文件，确定矩形母线制作所需的型号、规格、数量。

（2）材料准备。矩形母线制作通常需要的材料见表 Z42J1002–5（一段为例）。

表 Z42J1002–5　　　　矩形母线制作材料清单

序号	名称	数量	备　注
1	砂皮纸	10块	

（3）工器具准备。矩形母线制作通常需要的工器具见表 Z42J1002–6（一段为例）。

表 Z42J1002–6　　　　矩形母线制作工器具清单

序号	名称	数量	规格	备　注
1	切割机	1台		
2	台钻	1台		
3	多功能弯排机	1台		
4	角向磨光机	1台		
5	电动钢丝刷	5把		配合角向磨光机使用
6	锉刀	2把	粗、细	粗、细各1把

（4）人员组织。安全员、质量员、矩形母线制作负责人、矩形母线制作人员等应具备相应的资质。

（5）现场布置。按照《国家电网公司输变电工程安全文明施工标准化管理办法》要求进行现场布置。

1）母线制作前设备、材料、工器具应在指定位置统一摆放。

2）制作区域必须进行安全隔离，并放置相应的标识牌。

4. 矩形母线下料

（1）母线校正。对弯曲不平的母线，用多功能弯排进行校正；在无校正机情况下，可将弯曲的母线放置在平台或槽钢上，用木锤敲打平直，但不得使用铁锤敲打。

（2）母线下料配置。根据实际位置测量尺寸，划出大样或用钢丝弯成样板做加工依据。对相同布置的主母线、分支母线、引下线及设备连接线应对称一致，横平竖直，整齐美观。

5. 矩形母线弯制

（1）矩形母线应进行冷弯，不得进行热弯。

（2）母线弯制应符合下列要求：

1）母线开始弯曲处距最近绝缘子的母线固定金具边缘不得大于 $0.25L$（L 为母线两支持点间距离），但不得小于 50mm。

2）母线开始弯曲处距母线连接位置不得小于 50mm。

3）矩形母线应减少直角弯曲，不宜采用 90°平弯，弯曲处不得有裂纹及显著的褶皱，母线的最小弯曲半径应符合验收规范 GB 50149 的规定。

4）多片母线的弯曲度应一致。

5）矩形母线采用螺栓连接时，连接处距支持绝缘子的支持夹板边缘不应小于50mm，上片母线端子与下片母线平弯开始处的距离不应小于 50mm。

6）母线扭转 90°时，其扭转部分长度应为母线宽度 2.5～5 倍。

6. 后期工作

（1）相位标识正确。

（2）清理施工现场。

三、管型母线制作工艺要求

（1）管型母线制作要求：有 60°～75°坡口，1～3mm 的钝边，加工表面无毛刺、飞边等，焊接口应位于补强管的中央。

（2）管型母线焊口对接要求：管中两侧各 50mm 范围应打磨清洗干净，不得有氧化膜、水分、油污；焊接时对口应平直，其弯折偏移不大于 1/500，中心线偏移不得大于 0.5mm。

（3）管型母线焊缝要求：焊缝加强高度 2～4mm，呈细鳞形圆弧形，表面不应有毛刺、凹凸不平等缺陷。焊缝宽度按规定值不得超过+2mm 或–1mm，不得有裂纹、未熔合现象。

（4）管母外观检查：平直光洁，不得有裂纹损伤，几何尺寸公差不超过产品设计规定，最大挠度不大于 1/500。

四、矩形母线制作工艺要求

（1）母线接触面的加工必须平整、无氧化膜。经加工后其截面减少值为：铜母线不应超过原截面的 3%；铝母线不应超过原截面的 5%；具有镀银层的母线搭接面，不得任意锉磨。

（2）矩形母线的搭接连接，其孔径和孔距应符合 GB 50149 规范要求。当母线与设备端子连接时，应符合《高压电器端子尺寸标准化》（GB/T 5273）的要求。

（3）母线与母线、母线与分支线、母线与电器端子搭接时，其搭接面的处理应符合下列规定：

1）铜与铜：室外、高温且潮湿或对母线有腐蚀气体的室内，必须搪锡，在干燥的室内可直接连接。

2）铝与铝：直接连接。

3）钢与钢：必须搪锡或镀锌，不得直接连接。

4）铜与铝：在干燥的室内，铜导体应搪锡，在室外或空气相对湿度接近 100%的室外，应采用铜铝过渡板，铜端应搪锡。

5）钢与铜或铝：钢搭接面必须搪锡。

6）封闭母线螺栓固定搭接面应镀银。

7）所有连接螺栓应紧固。

【思考与练习】

1. 管型母线坡口要求有哪些？

2. 支撑式安装的管型母线如何预弯？

3. 矩形母线与母线、母线与分支线、母线与电器端子搭接时，其搭接面的处理应符合什么规定？

▲ 模块 3 硬母线安装方法及工艺要求（Z42J1003）

【模块描述】本模块包含硬母线安装方法、工艺要求，通过讲解和实训，掌握硬母线吊装、调整方法和工艺要求。

【模块内容】本模块主要介绍悬吊式管形母线、支撑式管形母线、矩形母线安装方法和工艺要求，通过讲解和学习，掌握悬吊式管形母线、支撑式管形母线、矩形母线安装方法和工艺要求。

一、悬吊式管形母线安装方法

1. 作业内容

悬吊式管形母线安装主要包括施工准备，悬吊式管形母线安装。

2. 危险点分析及安全控制措施

作业中危险点分析及控制措施见表 Z42J1003–1。

表 Z42J1003–1　　　　　　　作业中危险点分析及控制措施

序号	危险点	控制措施
1	高处坠落及落物伤人	（1）高处作业系好安全带，不得攀爬瓷件。 （2）使用的检修平台或梯子应坚固完整、安放牢固，使用梯子有人扶持。 （3）传递物件必须使用传递绳，不得上下抛掷
2	起重伤害	（1）吊装有专人指挥、吊臂下严禁站人。 （2）起重工具使用前认真检查，严禁使用不合格的工具。 （3）设备起吊后应系好拉绳，防止摆动碰伤人员
3	机械伤害	严格执行工具使用规定，使用前严格检查
4	触电伤害 （扩建变电站）	搬动梯子时，需两人放倒搬运，与带电部位保持足够的安全距离
5	误入带电间隔 （扩建变电站）	（1）工作前向作业人员交代清楚临近带电设备，并加强监护。 （2）工作人员应走指定通道，在遮栏内工作，不得移动和跨越遮栏

3. 施工准备

（1）技术准备。根据施工设计图及设计文件，确定悬吊式管形母线型号、安装位置、编写吊装方案。

（2）材料准备。悬吊式管型母线安装一般需要的材料见表 Z42J1003–2（一段为例）。

表 Z42J1003–2　　　　　　　悬吊式管型母线安装材料清单

序号	名称	数量	备　注
1	砂布	10 张	
2	复合电力脂	2 支	

（3）工器具准备。悬吊式管型母线安装一般需要的工器具见表 Z42J1003–3（一段为例）。

表 Z42J1003-3　　　　　　悬吊式管型母线安装工器具清单

序号	名称	数量	规格	备　注
1	吊机	2 台	25t/16t	各 1 台
2	枕木	40 根		垫吊机支腿
3	机动绞磨	4 台		
4	管型母线夹具	4 只		
5	尖子扳手	1 把		
6	呆扳手	8 把		根据安装螺栓规格配置
7	钢丝绳	4 根		
8	安全带	8 副		
9	登高作业车或升降平台	2 台		根据设备安装高度配置
10	手枪电钻	1 台	10mm	充电式

（4）人员组织。一般应配备安全员、质量员、安装负责人、安装人员、起重司索、起重指挥、机动绞磨等，相关人员必须持证上岗。

（5）现场布置。按照《国家电网公司输变电工程安全文明施工标准化管理办法》要求进行现场布置。

1）管型母线吊装前设备、材料、工器具应在指定位置统一摆放。

2）吊装区域必须进行安全隔离，并放置起重作业区和禁止车辆通行的标识牌。

4. 悬吊式管型母线安装

（1）依据设计图纸核对管型母线规格、数量、外观无明显划痕、毛刺，检查绝缘子串与连接金具是否匹配，及管型母线梁挂点与金具是否匹配，绝缘子与金具数量是否满足安装需要，均压环无毛刺、刮痕、变形。

（2）按设计图纸确定管型母线跨度，依据跨度尺寸进行管母配置，每相管型母线配置过程应将焊点绕开安装在其上部的隔离开关静触头夹具，保持焊缝距夹具边缘不少于 50mm。

（3）吊式管型母线就位前以安装在管型母线下方隔离开关基础为参考，测量管型母线梁挂点实际标高，结合设计图纸给出管型母线标高及组装后的金具绝缘子串长度，计算出管型母线夹具所卡位置。管型母线终端球安装前，放入设计要求规格型号的阻尼导线。管型母线终端球应有滴水孔，安装时应朝下。

（4）管型母线就位前检查金具、绝缘子串正确组装，销针完整，绝缘子碗口朝下，管型母线梁与构架柱连接螺栓已紧固，所用机具已布置到位，就位过程中每根管型母线同侧挂点同时起升，待该侧挂点与金具正确连接后，将吊点挪至另一侧以同样方法起升另一侧。

（5）管型母线就位后结合下方隔离开关基础复测管型母线标高，误差范围内可通过可调螺钉进行调节，同时对整段母线进行调直。

（6）单跨距、大口径悬吊式管型母线不宜预弯，必要时要通过加入配重块来调平，配重过程应考虑安装在管型母线上方隔离开关静触头的质量，且按不同相进行区分，配重每块质量不宜过大，且应设穿芯孔和穿芯螺杆，将每端配重块连成整体。

（7）悬吊式管型母线均压环按设计图纸方向进行安装，管型母线跳线制作安装过程保持每相及分裂导线每根弧度一致。

5. 后期工作

（1）检查所有螺栓按要求进行力矩紧固，清洁设备表面。

（2）管型母线固定后在最低处应钻 6～8mm 的滴水孔。

（3）相位标识正确。

（4）清理施工现场。

图 Z42J1003-1 为部分安装完成的悬吊式管型母线。

图 Z42J1003-1　悬吊式管型母线

二、支撑式管型母线安装方法

1. 作业内容

支撑式管型母线主要包括施工准备，支撑式管型母线安装。

2. 危险点分析及安全控制措施

作业中危险点分析及控制措施见表 Z42J1003-4。

表 Z42J1003–4 　　　　　　作业中危险点分析及控制措施

序号	危险点	控制措施
1	高处坠落及落物伤人	（1）高处作业系好安全带，不得攀爬瓷件。 （2）使用的检修平台或梯子应坚固完整、安放牢固，使用梯子有人扶持。 （3）传递物件必须使用传递绳，不得上下抛掷
2	起重伤害	（1）吊装有专人指挥，吊臂下严禁站人。 （2）起重工具使用前认真检查，严禁使用不合格的工具。 （3）设备起吊后应系好拉绳，防止摆动碰伤人员
3	机械伤害	（1）严格执行工具使用规定，使用前严格检查 （2）机动绞磨操作人员应与拉未绳的人员密切配合
4	触电伤害（扩建变电站）	（1）搬动梯子时，需两人放倒搬运，与带电部位保持足够的安全距离 （2）使用电动工器具，按规定接入漏电保护装置、接地线
5	误入带电间隔（扩建变电站）	（1）工作前向作业人员交代清楚临近带电设备，并加强监护。 （2）工作人员应走指定通道，在遮栏内工作，不得移动和跨越遮栏

3. 施工准备

（1）技术准备。根据施工设计图及设计文件，确定支撑式管型母线型号、安装位置、编写吊装方案。

（2）材料准备。支撑式管型母线安装通常需要的材料见表 Z42J1003–5（一组为例）。

表 Z42J1003–5 　　　　　　支撑式管型母线安装材料清单

序号	名称	数量	备　注
1	砂布	10 张	
2	复合电力脂	2 支	

（3）工器具准备。支撑式管型母线安装通常需要的工器具见表 Z42J1003–6（一段为例）。

表 Z42J1003–6 　　　　　　支撑式管型母线安装工器具清单

序号	名称	数量	规格	备　注
1	吊机	2 台	25t/50t	各 1 台
2	枕木	60 根		垫吊机支腿
3	扭力扳手	1 把	0～400N·m	根据安装螺栓力矩配置
4	两用扳手	8 把		根据螺栓规格配置
5	吊带	2 根	3t	

续表

序号	名 称	数量	规格	备 注
6	登高作业车或升降平台	1台		根据设备安装高度配置
7	钢丝绳	4根		
8	安全带	4根		
9	手枪电钻	1台	10mm	充电式

（4）人员组织。一般应配备安全员、质量员、安装负责人、安装人员、起重司索、起重指挥、测工、高处作业等，相关人员必须持证上岗。

（5）现场布置。按照《国家电网公司输变电工程安全文明施工标准化管理办法》要求进行现场布置。

1）管型母线吊装前设备、材料、工器具应在指定位置统一摆放。

2）吊装区域必须进行安全隔离，并放置起重作业区和禁止车辆通行的标识牌。

4.支撑式管型母线安装

（1）依据设计图纸核对管型母线规格、数量、外观无明显划痕、毛刺，管型母线封端盖、封端球与管型母线匹配。

（2）对已安装好支柱绝缘子、接地开关等母线支撑体垂直度、整段母线每相支撑金具中心直度进行复测，测量每段管型母线实际尺寸，应去除伸缩节包装部位管型母线封端盖之间的尺寸。

（3）根据实测数对管型母线进行最后裁剪，裁剪后的管型母线放置位置应做标记，放入阻尼导线，安装封端盖，管型母线端部应安装封端球（以设计图纸为准），封端球应带有滴水孔，且朝下。

（4）双跨距管型母线就位可采用两台吊车同时吊装就位，就位过程应拴有控制绳，设专人控制防止碰撞，管型母线就位后夹具与管型母线之间应涂上电力复合脂后安装并紧固。

（5）所有紧固件使用镀锌螺栓，并按螺栓规格扭矩紧固。

5.后期工作

（1）检查所有螺栓，清洁设备表面。

（2）管型母线固定后在最低处应钻直径 6～8mm 的滴水孔。

（3）相位标识正确。

（4）清理施工现场。

图 Z42J1003-2 为部分安装完成的支撑式管型母线。

图 Z42J1003-2　支撑式管型母线施工图

三、矩形母线安装方法

1. 作业内容

矩形母线安装主要包括施工准备、矩形母线安装。

2. 危险点分析及安全控制措施

作业中危险点分析及控制措施见表 Z42J1003-7。

表 **Z42J1003-7**　　　　　　　**作业中危险点分析及控制措施**

序号	危险点	控制措施
1	高处坠落及落物伤人	（1）高处作业系好安全带，不得攀爬瓷件。 （2）使用的检修平台或梯子应坚固完整、安放牢固，使用梯子有人扶持。 （3）传递物件必须使用传递绳，不得上下抛掷
2	机械伤害	严格执行工具使用规定，使用前严格检查
3	触电伤害（扩建变电站）	搬动梯子时，需两人放倒搬运，与带电部位保持足够的安全距离
4	误入带电间隔（扩建变电站）	（1）工作前向作业人员交代清楚临近带电设备，并加强监护。 （2）工作人员应走指定通道，在遮栏内工作，不得移动和跨越遮栏

3. 施工准备

（1）技术准备。根据施工设计图及设计文件，确定矩形母线型号、安装位置。

（2）材料准备。矩形母线安装通常需要的材料见表 Z42J1003-8（一段为例）。

表 Z42J1003-8 矩形母线安装材料清单

序号	名称	数量	备 注
1	砂布	10 张	
2	复合电力脂	1 支	

（3）工器具准备。矩形母线安装通常需要的工器具见表 Z42J1003-9（一段为例）。

表 Z42J1003-9 矩形母线安装工器具清单

序号	名称	数量	规格	备 注
1	扭力扳手	1 把	0～400N·m	根据安装螺栓力矩配置
2	两用扳手	4 把		根据螺栓规格配置
3	安全带	2 副		
4	梯子	1 把	11 挡	根据安装高度配置
5	多功能弯排机	1 台		

（4）人员组织。一般应配备安全员、质量员、安装负责人、安装人员、登高作业人员等，相关人员应持有资格证书。

（5）现场布置。按照《国家电网公司输变电工程安全文明施工标准化管理办法》要求进行现场布置。

1）矩形母线安装前设备、材料、工器具应在指定位置统一摆放。

2）安装区域应进行安全隔离，并放置作业区域禁止车辆通行的标识牌。

4. 矩形母线安装

（1）矩形母线安装前核对硬母线规格、材质与设计图纸是否相符，以及母线夹具是否匹配。

（2）复测直线段母线支柱绝缘子夹具中心直度。

（3）对矩形母线进行校直，校直过程不得在硬母线表面留下敲击、损伤等痕迹。

（4）实测直线段母线距离长度，直线段利用完整单根母排制作、安装，避免过多接头。母线制作采用冷弯，矩形母线应根据不同材质、不同规格来确定其弯曲半径。转弯处母线在制作过程应根据不同电压等级，相间及边相对周围电气设备安全距离，应满足设计图纸要求，母线切割部位应进行打磨光滑，上下搭接部位应弯曲一端，保证其平滑过渡，搭接长度、连接螺孔大小、间距尺寸由搭接母线宽度确定，硬母线搭接部位钻孔后应打磨光滑。

（5）硬母线制作后按设计图纸要求，按电压等级在各相套上相应颜色热缩护套，包括软连接。

（6）搭接部位在硬母线接触面涂上导电膏，搭接面符合 GB 50149 要求，就位后自线段及弯曲部位调整至自然状态，不存在局部受力现象，与设备接线板连接部位应力满足设计要求。

（7）连接螺栓应采用镀锌螺栓，所有连接螺栓应紧固并且按不同规格进行扭矩检测。母线平置安装时，贯穿螺栓应由下往上穿，螺母在上方。其余情况下，螺母应置于维护侧，连接螺栓长度宜露出螺母 2～3 扣。

（8）硬母线接头加装绝缘套后，应在绝缘套下凹处打排水孔，防止绝缘套下凹处积水，冬季结冰冻裂。

（9）根据设计要求，在硬母线的适当位置，呈品字形安装接地挂线板。

5. 后期工作

（1）检查所有螺栓，清洁设备表面。

（2）相位标识正确。

（3）清理施工现场。

四、悬吊式管型母线安装工艺要求

（1）母线平直，端部整齐，挠度$<D/2$（D 为管型母线直径）。

（2）三相平行，相距一致。

（3）跳线走向自然，三相一致。

（4）金具规格应与管形母线相匹配。

（5）均压环安装应无划痕、毛刺，安装牢固、平整、无变形，管型母线及均压环应在最低处打排水孔。

图 Z42J1003-3、图 Z42J1003-4 为安装完成的悬吊式管型母线。

图 Z42J1003-3　悬吊式管型母线 1

图 Z42J1003–4 悬吊式管型母线 2

五、支撑式管型母线安装工艺要求

（1）母线平直，端部整齐，挠度＜$D/2$（D 为管型母线直径）。

（2）三相平行，相距一致。

（3）一段母线中，除中间位置采用紧固定外，其余均采用滑动固定。

（4）金具规格应与管型母线相匹配。

（5）伸缩节设置合理，安装美观。

（6）管型母线的最低处应钻滴水孔。

图 Z42J1003–5、图 Z42J1003–6 为安装完成的支撑式管型母线。

图 Z42J1003–5 支撑式管型母线

图 Z42J1003-6　支撑式管型母线施工图

六、矩形母线安装工艺要求

（1）支柱绝缘子支架标高偏差≤5mm，垂直度偏差≤5mm，顶面水平度偏差≤2mm/m。

（2）与主变压器套管端子之间应采用伸缩节。

（3）导线及绝缘子排列整齐，相间距离一致，水平度偏差应≤5mm/m，顶面高差应≤5mm。

（4）支柱绝缘子固定牢固，导体固定松紧适当，除固定端紧固定外，其余均采用松固定，使导体伸缩自然。

（5）矩形母线制作要求横平竖直，母线接头弯曲应满足规定要求，并尽量减少接头。

（6）支柱绝缘子不得固定在弯曲处，固定点夹板边缘与弯曲处距离不应大于 $0.25L$（L 为两支点间距离），但不应小于 50mm。相邻母线接头不应固定在同一绝缘子间隔内，应错开间隔安装。

（7）伸缩节设置合理，安装美观。

（8）主变压器三相出线母线安装表面应加装热缩套，热缩套规格（包括电压等级）应与硬母线配套。

图 Z42J1003-7 为安装完成的矩形母线。

图 Z42J1003-7 矩形母线

【思考与练习】

1. 简述悬吊式管型母线安装。

2. 简述支撑式管型母线安装工艺要求。

3. 简述矩形母线安装工艺要求。

第十六章

软 母 线 安 装

▲ 模块1 软母线安装流程、制作方法及
工艺要求（Z42J2001）

【模块描述】本模块包含软母线安装流程、制作方法及工艺要求，通过讲解和实训，熟知软母线安装流程，掌握软母线丈量、开线、压接方法及工艺要求。

【模块内容】本模块主要介绍软母线安装流程、制作方法及工艺要求，通过讲解和学习，熟知软母线安装流程，掌握制作方法及工艺要求。

一、软母线安装流程

软母线安装流程见图 Z42J2001-1。

二、软母线制作方法

1. 作业内容

软母线制作主要包括施工准备，软母线制作、附件安装。

2. 危险点分析及安全控制措施

作业中危险点分析及控制措施见表 Z42J2001-1。

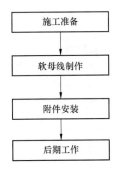

图 Z42J2001-1 软母线安装流程

表 Z42J2001-1 作业中危险点分析及控制措施

序号	危险点	控制措施
1	机械伤害	严格执行机械操作使用规定，使用前严格检查
2	触电伤害 （扩建变电站）	（1）使用电气工具时，按规定接入漏电保护装置、接地线。 （2）搬动梯子等长物体时，需两人放倒搬运，与带电部位保持足够的安全距离

3. 施工准备

（1）技术准备。

1）软母线施工前，应熟悉施工图及有关设计文件，确认导线、金具及配件的型号、

规格、数量符合设计要求。

2）软母线施工前，应编制软母线施工方案，并经审批。

3）软母线施工前，导线与线夹按规程要求进行拉力试验，试验合格后才能进行导线压接。

（2）材料准备。软母线安装通常需要的材料见表 Z42J2001-2（一挡为例）。

表 Z42J2001-2　　　　软母线安装材料清单

序号	名称	数量	备注
1	砂布	10 张	
2	白布	10 块	
3	复合电力脂	2 支	
4	汽油	2kg	
5	防锈漆	1 桶	

（3）工器具准备。软母线安装通常需要的工器具见表 Z42J2001-3（一挡为例）。

表 Z42J2001-3　　　　软母线安装工器具清单

序号	名称	数量	规格	备注
1	钢模	1 套		根据母线规格配置
2	铝模	1 套		根据母线规格配置
3	压接泵	1 套		根据母线规格配置
4	压机	1 台		根据母线规格配置
5	断线钳	1 把		根据母线规格配置
6	钢锯	1 把		
7	钢丝刷	1 把		

（4）人员组织。安全员、质量员、软母线压接人员、负责人、安装人员等相关人员应具备相应资质。

（5）现场布置。按照《国家电网公司输变电工程安全文明施工标准化管理办法》要求进行现场布置。

1）压接场地按标准化作业布置，采用全封闭施工，选择道路应不影响车辆通道；四周用遮拦围住，道路两端围栏外设置禁止车辆通行警示牌。

2）场内一角放置专业指示牌，在围栏内导线展放处铺设深色橡胶地板，导线盘运至架设场地，四周应设置临时遮拦，铺设深色橡胶地板与导线压接场地胶垫相连。

3）在软母线压接场地使用工具箱，用于分别定置存放钢、铝模、易耗品工具、计量工具、消耗性材料等。

4．软母线制作

（1）正确测量母线施放档距、绝缘子串长度、导线切割长度等。档距测量宜在晴天进行，读数要准确。220kV 及以下绝缘子串长度和质量应测量三串及以上，取平均值为依据。500kV 悬式绝缘子串的长度必须每串测量，并标明尺寸，以便计算对号配置安装。导线切割尺寸的丈量应在比导线直径略宽的统长槽钢内进行，以提高测量的精确性。

（2）导线展放。其线头应从线盘的上方拽出，在拽拉或搬运过程中，应防止导线产生硬弯，尤其是扩径导线，其弯曲半径应不小于 30 倍的导线直径，以防止导线腔内蛇皮管变形移位或导线钢丝错位，参差不齐，影响握着力。

（3）导线下料长度按照设计弛度进行计算。

（4）导线切割。切割面两侧应绑扎牢固，切割端面应整齐并与线股轴线垂直，铝丝应根据导线与耐张线夹的不同连接结构，确定铝股割切尺寸和形式，同时在锯割铝股时严禁伤及钢芯。大截面特种导线在锯到第四、第三层铝线时不得伤及第一、第二层的铝股。

（5）导线压接是特殊工艺，应严格遵守特殊过程控制程序的要求，作业人员应经培训后持证上岗，压接后在线夹打上钢印（压接人员上岗证号），耐张线夹的钢锚压接必须确保其握着力，钢芯穿（插）入尺寸到位。压接方向应由钢锚环侧向导线侧进行，耐张线夹 NY–240～NY–630 采用重叠式压接，即第二模重叠第一模 5～8mm，余下类推，为保证钢模达到合模标准，保压 10s，使压力达到规定值。施压特种导线的耐张线夹钢锚采用间隔压接，即每压一模空 10～20mm，再压一模；压接后的六角形对边尺寸 s 值应为 0.866d～0.866d+0.2mm（d 为承压管的外径），扩径导线应待导线两端耐张线夹均穿套到位后方可进行压接。

（6）耐张线夹铝管压接前，导线表面必须用钢丝刷刷干净，然后涂刷一层耐热电力复合脂，再用钢丝刷仔细清刷，去除铝股表面氧化膜，再将铝管按要求套到压接部位（如有衬瓦，则应先装好衬瓦）；为减少导线产生松股，一般按倒序压接，即第一模从导线侧离管口 5mm 处起压，第二模重叠第一模的 1/2，其余模重叠 1/3 模，钢锚凸轮处的压接须满足压全模，以确保附加握着力；压接后的六角形对边尺寸 s 值应满足规程的要求；同时，其弯曲度应不大于其长度的 2%，否则应予校正；校正后钢管表面不得有裂纹或严重的锤痕，并去除毛刺倒棱角，把表面处理光滑。压接好后应对裸露在外的钢芯刷防锈漆防腐。

（7）设置有压接式 T 形线夹的软母线，尤其是组合母线在相同位置处布设有两只 T 形线夹时，其压接应在母线悬链状自然弧度下进行，以确保 T 形线夹引流板的朝向与耐张线夹引流板的朝向相吻合。

5. 附件安装

（1）悬式绝缘子安装前应按《电气装置安装工程电气设备交接试验标准》（GB 50150）规定进行试验，经试验合格后的绝缘子在组装时应进行外观检查并清洁干净，有下列情况者不得使用：飞裙边峰、少釉（少釉单点不大于 80mm^2 总计不大于 300mm^2 时可视情况使用）、缺瓷等。W 或 R 形销应与悬式绝缘子相匹配，悬式绝缘子的碗口应朝上，并有足够的弹性，装配到位，避免 W 或 R 形销因松懈而脱落。

（2）软母线组装应有防止导线沾上泥污、着地拖磨的措施，在母线架设档距场地铺设专用保护橡胶垫，大截面分裂式导线在组装过程中严禁磨损导线，同时还须检查导线的光洁度，用 0 号砂皮打光，以防止引起电晕放电。

（3）组合式母线的组装金具必须齐全、完好无损，开口销闭口销必须配套，插入到位且分开，均压环、屏蔽环、间隔棒等附件的配置必须符合设计的要求，螺栓紧固可靠，可调金具螺母锁紧，软母线的金具螺栓穿向应由上到下、由外到内。

6. 后期工作

（1）检查所有螺栓，清洁母线表面。

（2）清理施工现场。

三、软母线制作工艺要求

（1）导线无断股、松散及损伤，扩径导线无凹陷、变形、弯曲度不小于导线外径的 30 倍。

（2）绝缘子外观、瓷质完好无损，铸钢件完好，无锈蚀。

（3）线夹规格、尺寸应与导线规格、型号相符。连接金具与线夹匹配，金具及紧固件光洁，无裂纹、毛刺及凸凹不平。

（4）软母线施工前，耐张线夹每种导线规格取两根压接后试件送检，试验合格后方可施工。

（5）导线与线夹接触面均应清除氧化膜，用汽油清洗。清洗长度不少于压接长度的 1.2 倍，线夹与导线接触面涂电力复合脂。

（6）耐张线夹配备的衬管应垫在钢芯处一起压接，钢铸件的防水槽应压接在铝管内。

（7）压接时必须保持线夹的正确位置，不得歪斜，相邻两模间重叠不应小于 5mm，压接后六角形对边尺寸不应大于 0.866D+0.2mm（D 为接续管外径）。

（8）导线压接时应注意导线的自然弧度，并保持被压件不受重力影响，以防线夹偏斜影响整体美观。

（9）铝管弯曲度小 2%。

（10）均压环安装应无划痕、毛刺，安装牢固、平整、无变形，均压环宜在最低处打排水孔。

【思考与练习】

1. 软母线制作前的施工准备有哪些？

2. 耐张线夹 NY–240～NY–630 采用什么压接方法？简述其过程。

3. 软母线附件组装有什么要求？

▲ 模块 2 软母线架设方法及工艺要求（Z42J2002）

【模块描述】本模块包含软母线架设方法及工艺要求通过讲解和实训，掌握软母线架设机具准备、场地布置、架设方法及工艺要求。

【模块内容】本模块主要介绍软母线架设方法及工艺要求，通过讲解和学习，掌握软母线架设机具准备、场地布置、架设方法及工艺要求。

一、软母线架设方法

1. 作业内容

软母线制作主要包括施工准备、软母线架设。

2. 危险点分析及安全控制措施

作业中危险点分析及控制措施见表 Z42J2002–1。

表 Z42J2002–1　　　　　作业中危险点分析及控制措施

序号	危险点	控制措施
1	高处坠落及落物伤人	（1）高处作业系好安全带，不得攀爬瓷件。 （2）使用的检修平台或梯子应坚固完整、安放牢固，使用梯子有人扶持。 （3）传递物件必须使用传递绳，不得上下抛掷
2	起重伤害	（1）吊装有专人指挥、吊臂下严禁站人。 （2）起重工具使用前认真检查，严禁使用不合格的工具。 （3）设备起吊后应系好拉绳，防止摆动碰伤人员
3	机械伤害	严格执行机械操作使用规定，使用前严格检查
4	触电伤害 （扩建变电所）	（1）搬动梯子时，需两人放倒搬运，与带电部位保持足够的安全距离。 （2）使用电气工具时，按规定接入漏电保护装置、接地线
5	误入带电间隔 （扩建变电所）	（1）工作前向作业人员交代清楚临近带电设备，并加强监护。 （2）工作人员应走指定通道，在遮栏内工作，不得移动和跨越遮栏

3. 施工准备

（1）技术准备。

1）软母线施工前，应熟悉施工图及有关设计文件，确认导线、金具及配件的型号、规格、数量符合设计要求。

2）软母线施工前，应编制软母线施工方案。

3）软母线施工前，导线与线夹按规程要求进行拉力试验，试验合格后才能进行导线压接。

（2）材料准备。软母线架设通常需要的材料见表 Z42J2002-2（一挡为例）。

表 Z42J2002-2   软母线架设材料清单

序号	名称	数量	备注
1	砂布	10 张	
2	白布	10 块	

（3）工器具准备。软母线架设通常需要的工器具见表 Z42J2002-3（一挡为例）。

表 Z42J2002-3   软母线架设工器具清单

序号	名称	数量	规格	备注
1	吊机	1 台	16t	
2	枕木	20 根		垫吊机支腿
3	机动绞磨	2 台		
4	扭力扳手	1 把	0～400N·m	根据安装螺栓力矩配置
5	两用扳手	8 把		根据安装螺栓规格配置
6	钢丝绳	2 副		
7	安全带	2 根		

（4）人员组织。一般应配备安全员、质量员、作业负责人、登高作业人员、机动绞磨操作人员等，相关人员应具备相关资质。

（5）现场布置。按照《国家电网公司输变电工程安全文明施工标准化管理办法》要求进行现场布置。

4. 软母线架设

（1）导线架设原则应先高层后低层。

（2）软母线架设前，对单柱式构架（包括单柱加硬件撑杆式的构架），必须打好浪风绳，以防止构架因受牵引力过大造成永久性的变形。当两个挂点出现一定高差时，应考虑绝缘子串方向，避免绝缘子串积水。

（3）软母线架设，卷扬机（或机动绞磨）的牵引绳、导向滑车等布设合理，千斤绳、牵引绳、U 形环的大小应经过核算，保证具有足够的安全系数。

（4）大截面软母线架设，应采用张力式紧力放线。在架线档两侧的横梁上装置相应的朝天滑车，以行走母线起吊千斤绳，同时卷扬机牵引绳（牵引起吊中的单门滑车）与地面的夹角宜不大于 45°，防止构架受到过牵引力。

（5）软母线架设后，应及时复测、调整软母线的弧垂，符合设计的要求。同档距的三相弧垂应一致，误差范围与设计相比为+5%～−2.5%，做到整齐美观。相同布置的引下线应有同样的弯度和弛度，参考图 Z42J2002−1、图 Z42J2002−2。

图 Z42J2002−1　软母线施工图 1

图 Z42J2002−2　软母线施工图 2

5. 后期工作

（1）软母线架设后，应及时复测、调整软母线的弧垂，符合设计的要求。同档距的三相弧垂应一致，误差范围与设计相比为+5%～-2.5%，做到整齐美观。相同布置的引下线，应有同样的弯度和弛度。

（2）绝缘子串方向正确、所有 W 销或 R 销齐全，并将绝缘子串擦净。

（3）检查所有螺栓，清洁导线表面。

（4）清理施工现场。

二、软母线架设工艺要求

（1）母线在起升前，检查绝缘子串方向正确、所有 W 销或 R 销齐全，并将绝缘子串擦净。

（2）紧线应缓慢，并检查导线是否有挂住的地方，防止导线受力后突然弹起。导线下方不得有人行走和停留。

（3）双分裂及多分裂导线安装时要认真复核导线长度，间隔棒安装尺寸符合设计要求，三相间距一致，同档同列的布置在一条直线上。

（4）导线在大批量压接前应首先试拉一相耐张段（取中相试拉），测量出弛度算出导线放量尺寸，方可成批施放、压接。

（5）母线弛度应符合设计要求，其允许误差为+5%～-2.5%，同一档距内三相母线的弛度应一致。

【思考与练习】

1. 软母线架设前的施工准备有哪些？

2. 软母线架设应注意哪些问题？

3. 软母线架设有哪些工艺要求？

◢ 模块 3 引下线和设备连线安装方法及工艺要求（Z42J2003）

【模块描述】本模块包含引下线、设备连线安装流程及方法，通过讲解和实训，熟知流程，掌握引下线、连线的放样、压接和安装方法。

【模块内容】本模块主要介绍引下线、设备连线安装流程及方法，通过讲解和学习，引下线、设备连线安装流程，掌握引下线、连线的放样、压接和安装方法。

一、引下线和设备连线安装方法

1. 作业内容

引下线和设备连线安装主要包括引下线和设备连线制作、引下线和设备连线安装。

2. 危险点分析及安全控制措施

作业中危险点分析及控制措施见表 Z42J2003-1。

表 Z42J2003-1　　　　　作业中危险点分析及控制措施

序号	危险点	控制措施
1	机械伤害	严格执行一般工具的使用规定，使用前严格检查，不完整的工具禁止使用
2	触电伤害 （扩建变电站）	（1）搬动梯子时，需两人放倒搬运，与带电部位保持足够的安全距离。 （2）使用电气工具时，按规定接入漏电保护装置、接地线

3. 施工准备

（1）技术准备。

1）引下线和设备连线施工前，应熟悉施工图及有关设计文件，确认导线、金具及配件的型号、规格、数量符合设计要求。

2）引下线和设备连线施工前，导线与线夹按规程要求进行拉力试验，试验合格后才能进行导线压接。

（2）材料准备。引下线和设备连线安装通常需要的材料见表 Z42J2003-2（一挡为例）。

表 Z42J2003-2　　　　　引下线和设备连线安装材料清单

序号	名称	数量	备注
1	砂皮纸	10块	
2	白布	10块	
3	复合电力脂	2支	
4	汽油	2kg	

（3）工器具准备。引下线和设备连线安装通常需要的工器具见表 Z42J2003-3（一挡为例）。

表 Z42J2003-3　　　　　引下线和设备连线安装工器具清单

序号	名称	数量	规格	备注
1	压接泵	1套		根据导线规格配置
2	压接机	1台		根据导线规格配置
3	钢模	1套		根据导线规格配置
4	铝模	1套		根据导线规格配置

续表

序号	名称	数量	规格	备注
5	断线钳	1 把		根据导线规格配置
6	钢锯	1 把		
7	钢丝刷	1 把		
8	扭力扳手	1 把		根据安装螺栓力矩配置
9	两用扳手	8 把		根据安装螺栓规格配置

（4）人员组织。一般应有安全员、质量员、作业负责人、登高作业人员、液压压接人员等，相关人员应具备相关资质。

（5）现场布置。按照《国家电网公司输变电工程安全文明施工标准化管理办法》要求进行现场布置。

4. 引下线和设备连线制作

（1）引下线及跳线制作前，确定其安装位置，检查两侧线夹规格确定引线及跳线线夹截面。

（2）依据设计图纸确定引线、跳线规格，并检查制作引下线及跳线的线夹与导线、压接模具之间是否匹配，导线与线夹接触面均应清除氧化膜，用汽油或丙酮清洗，清洗长度不少于连接长度的 1.2 倍。

（3）导线切割前对切割部位两侧采取绑扎措施，防止导线抛股，导线断面应与轴线垂直，引下线及跳线先压接好一端再实际测量确定导线长度，测量过程应考虑引下线及跳线安装后，设备侧接线板所承受的应力不应超过设计或厂家要求。

（4）线夹与导线接触面涂电力复合脂，线夹应顺绞线方向将导线穿入，用力不宜过猛以防抛股。导线伸入线夹的压接长度达到规定要求，对空心扩径导线穿入线夹前，先旋进长度与压接长度相符的芯棒。

（5）压接过程控制每模搭接长度，控制铝管弯曲度，压接后产生的飞边、毛刺打磨光滑，短导线压接时，将导线插入线夹内距底部 10mm，用夹具在线夹入口处将导线夹紧，从管口处向线夹底部顺序压接，以避免出现导线隆起现象。

5. 引下线和设备连线制作

（1）引线及跳线安装过程中导线、金具应避免磨损，连接线安装时避免设备端子受到超过允许承受的应力。

（2）所有连接螺栓均采用镀锌螺栓，按照螺栓规格进行扭矩检测。

（3）软母线采用钢制螺栓型线夹连接时，应缠绕铝包带，其绕向与外层铝股的绕向一致，两端露出线夹口不超过 10mm，且端口应回到线夹内压紧。

6. 后期工作

（1）检查所有螺栓，清洁设备表面。

（2）清理施工现场。

二、引下线和设备连线工艺要求

（1）高跨线上（T 形）线夹位置设置合理，引下线及跳线走向自然、美观，弧度适当。参考图 Z42J2003-1。

（2）设备线夹（角度）方向合理。

（3）室外易积水的线夹应设置排水孔，排水孔直径不超过 8mm。

（4）铝管弯曲度小于 2%。

（5）压接时必须保持线夹的正确位置，不得歪斜，相邻两模间重叠不应小于 5mm，压接后六角形对边尺寸不应大于 $0.866D+0.2mm$（D 为接续管外径）。

图 Z42J2003-1　高跨线上（T 形）线夹施工图

【思考与练习】

1. 引下线和设备连线制作前应先检查什么？

2. 引下线和设备连线安装过程中应采取什么措施？

3. 引下线和设备连线工艺有哪些要求？

◢ 模块 4　软母线安装常见问题处理（Z42J2004）

【模块描述】本模块包含软母线安装常见问题处理方法，通过讲解和案例分析，掌握软母线安装常见问题处理技能。

【模块内容】本模块主要介绍软母线安装常见问题处理方法，通过讲解和案例分析，掌握软母线安装常见问题处理技能。

（1）导线切割面两侧未绑扎牢固。切割后导线产生松股，导致导线无法放入耐张线夹，压接不满足要求。

（2）导线与线夹接触面未清除氧化膜、涂电力脂。导线压接后，导线与线夹接触不好，减少了导线的载流量。

（3）钢芯、导线压接时未到规定压力值或保压时间未到规定值，导致导线承受拉力能力减小。

（4）导线毛刺未清理。导线运行后毛刺处发生电晕、放电。

（5）导线架设时，人员站在钢丝绳受力拉直的内侧，导致钢丝绳受力拉直后作用于人上，人受力向外侧弹出。

（6）软母线架设前，未对单柱式构架打浪风绳，导致构架受牵引力过大造成永久性变形。

【思考与练习】

1. 导线和线夹安装前需做哪些工作？

2. 导线压接有哪些要求？

3. 导线架设有哪些要求？

第十七章

接 地 装 置 安 装

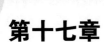 **模块 1 接地装置安装流程和主接地网**
安装方法及工艺要求（Z42J3001）

【模块描述】本模块包含接地装置安装流程、主接地网安装方法及工艺要求，通过讲解，熟知接地装置安装流程，掌握主接地网布置、敷设、搭接等方法。

【模块内容】本模块主要介绍接地装置安装流程及方法，通过讲解和学习，掌握接地网安装方法和工艺要求。

一、接地装置安装流程

1. 施工准备

（1）技术准备。

1）接地工程开工前,应组织有关人员熟悉施工图及有关设计文件,了解设计意图,并按照设计要求做好技术准备工作,对变电所工程的地质、土质情况进行了解。

2）220kV 以上新建变电工程主接地网施工应编制施工方案,根据设计施工图编制材料清册,校对材料规格和数量。

3）按照工艺标准、施工方案进行技术交底工作。

（2）材料准备。根据设计规格和型号,结合工程用量进行接地网用镀锌扁钢、角钢（或铜绞线、铜排、铜棒、铜包钢等）等材料准备,对施工所用的材料规格、数量及质量进行检查,同时具有出厂质检资料和镀锌质保资料,焊接用的焊条、焊粉、助焊剂和热熔剂等辅助材料必须有出厂合格证。

（3）工器具准备。配置电焊机、挖掘机、熔接模具等工机具,并检查合格。

（4）人员组织。应设安全员、质量员、接地施工负责人、施工人员、焊工等,特殊作业人员必须持证上岗。

（5）现场布置。按照《国家电网公司输变电工程安全文明施工标准化管理办法》要求进行现场布置。

2. 主接地网敷设

主接地网的敷设与施工应与土建工程的场地平整、填方、挖沟渠、基础和电缆沟的开挖配合进行，参考图 Z42J3001-1、图 Z42J3001-2，并在各柱、设备处将接地引线引出地面，以备引接到柱和设备。

图 Z42J3001-1　主接地网焊接　　　　图 Z42J3001-2　主接地网熔接

3. 构支架及设备接地

（1）构支架接地引线的敷设方向可根据运行单位要求或有规律地统一朝向布置，参考图 Z42J3001-3、图 Z42J3001-4。

图 Z42J3001-3　构架接地施工图　　　　图 Z42J3001-4　支架接地施工图

（2）构架接地的数量应按设计规定进行布置，当无规定时，按每条梁两点接地进行施工。

（3）为了保证接地可靠，凡带有二次回路的设备要求采用两根接地引下线，分别引至接地网不同位置，对于两柱及以上安装的设备构支架，两根接地线应分别敷设在不同支柱上。

（4）电气设备的接地，应以单独的接地线与接地网（或接地干线）相连接，不得在一条接地线上串联两个及以上电气设备的接地。

4. 独立避雷针接地

（1）独立避雷针应装设独立接地装置。设计有特殊要求者按设计要求施工。独立接地装置与主接地网、道路或建筑物出入口等之间的地中距离应不小于 3m，当与主接地网连接时，其地下连接点至 35kV 及以下设备与主接地网的地下连接点，沿接地体的长度不得小于 15m。

（2）独立避雷针应有两点与其接地装置对称连接，见图 Z42J3001-5。

（3）独立避雷针的接地与地下引线的连接应采取焊接或熔接，设计有要求时按设计施工。

（4）独立避雷针采用深埋式接地时，应在敷设完成后立即进行接地电阻值测试，满足设计要求后，方可交付下道（基础）工艺施工。

图 Z42J3001-5　独立避雷针接地引线

5. 后期工作

（1）接地标识正确。

（2）清理施工现场。

（3）配合完成接地电阻参数测试。

二、主接地网安装方法

（1）根据设计图纸对主接地网敷设位置、网格大小进行放线，接地沟开挖深度以设计或规范要求的较高标准为准，且留有一定的余度。

（2）水平接地体宜采用热镀锌扁钢、圆钢或铜绞线、铜排，垂直接地体宜采用热镀锌角钢、铜棒。

（3）接地线弯制时，应采用机械冷弯，避免热弯损坏锌层。

（4）铜绞线接地体焊接采用热熔焊，焊接时应预热模具，模具内热熔剂填充密实，点火过程安全防护可靠。接头内导体应熔透，保证有足够的导电截面。铜焊接头表面光滑、无气泡，应用钢丝刷清除焊渣并涂刷防腐清漆。

（5）接地体垂直搭接时，除应在接触部位两侧进行焊接外，还应采取补救措施，使其搭接长度满足要求。

（6）设备接地引出线应靠近设备基础，埋入基础内的水平接地体在基础沉降缝处应设置伸缩弯。

三、主接地网安装工艺要求

（1）接地体顶面埋深应符合设计规定，当设计无规定时，不应小于 600mm。

（2）垂直接地体间的间距不宜小于其长度的 2 倍，水平接地体的间距不宜小于 5m。

（3）接地体的连接应采用焊接，焊接必须牢固、无虚焊，焊接位置两侧 100mm 范围内及锌层破损处应防腐。

（4）采用焊接时搭接长度应满足：扁钢搭接为其宽度的 2 倍，圆钢搭接为其直径的 6 倍，扁钢与圆钢搭接时长度为圆钢直径的 6 倍。

【思考与练习】

1. 简述构支架及设备接地要求。

2. 简述独立避雷针接地要求。

3. 主接地网安装工艺有哪些要求？

▲ 模块 2　设备接地引线安装方法及工艺要求（Z42J3002）

【模块描述】本模块包含设备接地引线制作安装方法和工艺要求，通过讲解和实训，熟知安装流程，掌握设备接地引线校正、弯制、搭接方法和工艺要求。

【模块内容】本模块主要介绍设备接地引线的制作方法，通过讲解和学习，掌握接地引线制作方法和工艺要求。

一、设备接地引线安装方法

1. 构支架接地引线安装方法

（1）变压器、避雷器、电压互感器、电流互感器、断路器支架均要双接地。对铜质接地网，原则上除变压器采用双接地引下线外，其余设备可采用单根接地线引下。每台电气设备应以单独的接地体与接地网连接，不得串接在一根引下线上。

（2）混凝土构架接地材料宜采用镀锌圆钢或镀锌扁钢，钢管构支架宜采用镀锌扁钢，型号符合设计要求。

（3）接地线弯制前应先校平、校直，校正时不得用金属体直接敲打接地线，以免破坏镀锌层。弯制采取冷弯制作，镀锌层遭破坏处要重新进行防腐处理。

（4）钢管构支架接地引线与钢管壁之间应适当留有间隙，便于测量接地阻抗。

（5）混凝土构架接地线应采用焊接方式，应从杆顶钢箍处焊接，在构架中间钢箍处采用折弯方式对接，焊接长度均不少于圆钢直径的 6 倍、扁钢宽度的 2 倍。

（6）支架接地引线在杆顶钢箍处直接引下，焊接长度均不少于圆钢直径的 6 倍、扁钢宽度的 2 倍。

（7）接地标识涂刷应一致。

2. 爬梯接地安装

（1）变电站内爬梯应可靠接地。可采取直接连接主接地网或通过接地端子与主接地网连接的方式。

（2）爬梯接地线材料采用镀锌圆钢或镀锌扁钢，表面锌层完好，无损伤。

（3）爬梯接地线搭接可采用焊接和螺栓连接两种方式。

（4）采用焊接时焊接长度均不少于圆钢直径的 6 倍、扁钢宽度的 2 倍，三面焊接。

（5）采用螺栓连接时，可采用直线连接和垂直连接两种方式。

（6）接地线弯制应采用冷弯制作。

（7）接地标识漆涂刷一致。

3. 户外设备接地引线安装方法

（1）断路器、隔离开关、互感器、电容器等一次设备底座（外壳）均需接地。

（2）接地线材料宜采用铜排、镀锌扁钢和软铜线。

（3）接地铜排两端搭接面应搪锡。

（4）接地引线与设备本体采用螺栓搭接，搭接面紧密，参考图 Z42J3002-1。

图 Z42J3002-1 接地引线与设备本体采用螺栓搭接施工图

（5）机构箱可开启门应用，4mm² 软铜导线可靠连接接地。

（6）机构箱箱体接地线连接点应连接在最靠近接地体侧。

（7）隔离开关垂直连杆应用软铜线与最靠近接地体侧连接。

4. 户内设备接地引线安装方法

（1）接地线的安装位置应合理，便于检查，不影响设备检修和运行巡视，接地线的安装应美观，防止因加工方式不当造成接地线截面减小、强度减弱、容易生锈。

（2）接地体宜采用热镀锌扁钢。可采用明敷与暗敷两种方式。明敷的镀锌扁钢应进行校直，工艺美观，可参考图 Z42J3002-2。

（3）接地线弯制前应先校平、校直，校正时不得用金属体直接敲打接地线，以免破坏镀锌层。弯制采取冷弯制作，镀锌层遭破坏处要重新进行防腐处理。

（4）建筑物接地应和主接地网进行有效连接，暗敷在建筑物抹灰层内的引下线应有卡钉分段固定，主控室、高压室应设置不少于 2 个与主网相连的检修接地端子。

（5）接地网遇门处拐角埋入地下敷设，埋深 250～300mm，接地线与建筑物墙壁间的间隙宜为 10～15mm，接地干线敷设时，注意土建结构及装饰面。当接地线跨越建筑物变形缝时应设补偿装置，补偿装置可用接地线本身弯成弧状代替。

（6）焊接位置（焊缝 100mm 范围内）及锌层破损处应防腐。

（7）接地引线颜色标识应符合规范，可参考图 Z42J3002-3。

图 Z42J3002-2　明敷的镀锌接地扁钢　　　　图 Z42J3002-3　接地引线标识

5. 屏柜内接地安装方法

（1）屏柜（箱）框架和底座接地良好。

（2）有防振垫的屏柜，每列屏有两点以上明显接地。

（3）屏柜（箱）应装有接地端子，并用截面面积不小于 4mm² 的多股铜线和接地网直接连通。

（4）静态保护和控制装置的屏柜下部应设有截面面积不小 100mm² 的接地铜排。

屏柜上装置的接地端子应用截面面积不小于 4mm² 的多股铜线和接地铜排相连。接地铜排应用截面面积不小于 50mm² 的铜缆与保护室内的等电位接地网相连。屏柜内的接地铜排应用截面面积不小于 50mm² 的铜缆与保护室内的等电位接地网相连。开关场的就地端子箱内应设置截面面积不小于 100mm² 的裸铜排，并使用截面面积不小于 100mm² 的铜缆与电缆沟道内的等电位接地网连接。

（5）屏柜（箱）内应分别设置接地母线和等电位屏蔽母线，并由厂家制作接地标识。

（6）屏柜（箱）可开启门应用软铜导线可靠连接接地。

（7）电缆屏蔽接地线采用 4mm² 黄绿相间的多股软铜线与电缆屏蔽层紧密连接，接至专用接地铜排。

（8）接地线采用多股软铜线连接时应压接专用接线鼻，每个接线鼻子最多压 5 根屏蔽线。

二、设备接地引线安装工艺要求

1. 构支架接地引线安装工艺要求

（1）接地线焊接均匀，焊缝高度、搭接长度符合规范要求。

（2）混凝土构支架接地线与杆壁贴合紧密。

（3）接地线应顺直、美观。

（4）钢管构架接地端子高度、方向一致，接地端子底部与保护帽顶部距离不小于 200mm。

（5）钢管构支架接地扁钢上端面与构支架接地端子上端面平齐，接地扁钢切割面、钻孔处、焊接处须做好防腐处理。

（6）螺栓连接的接地线螺栓丝扣外露长度一致，配件齐全。接地引线地面以上部分应采用黄绿接地漆标识，接地漆的间隔宽度、顺序一致，最上面一道为黄色漆，接地标识宽度为 15～100mm。

2. 爬梯接地引线安装工艺要求

（1）接地线位置一致，方向一致。

（2）接地线弯制弧度弯曲自然、工艺美观。

（3）接地引线地面以上部分应采用黄绿接地漆标识，接地漆的间隔宽度、顺序一致，最上面一道为黄色漆，接地标识宽度为 15～100mm。

（4）螺栓连接接触面紧密，连接牢固，螺栓丝扣外露长度一致，配件齐全。

（5）爬梯如分段组装，两段接头处未使用螺栓连接，则应加跨接线。

3. 户外电气设备接地引线安装工艺要求

（1）同类设备的接地接地线位置一致，方向一致。

（2）接地线弯制弧度弯曲自然、工艺美观。

（3）接地引线地面以上部分应采用黄绿接地漆标识，接地漆的间隔宽度、顺序一致，最上面一道为黄色漆，接地标识宽度为 15～100mm。

（4）螺栓连接接触面紧密，连接牢固，螺栓丝扣外露长度一致，配件齐全。

4. 户内电气设备接地引线安装工艺要求

（1）明敷时支持件间的距离，在水平直线部分应为 0.5～1.5m，垂直部分应为 1.5～3m，转弯部分宜为 300～500mm。

（2）接地线应水平或垂直敷设，也可与建筑物倾斜结构平行敷设，在直线段上，不应有高低起伏及弯曲等现象。

（3）接地线沿建筑物墙壁水平敷设时，离地面距离宜为 250～300mm，接地线与建筑物墙壁间的间隙宜为 10～15mm。

（4）室内明敷接地带布置高度，有活动地板的房间布置在活动地板下，无活动地板的房间布置在地面上 200mm 处（插座下方），外露接地线表面涂刷黄绿相间条纹作为接地标识，条纹宽度为 50mm。中性线宜涂淡蓝色标识。安装螺栓均匀牢固，接地材料横平竖直，接地地标识清楚，接地端子应便于使用。

（5）在接地线引向建筑物的入口处及检修用临时接地点处，均应刷白色底漆并标以黑色标识，接地体标识应相同。接地点应方便检修使用。

5. 屏柜接地引线安装工艺要求

（1）专用接地铜排的接线端子布设合理，间隔一致。

（2）1 个接地螺栓上安装不超过 2 个接地线鼻子。每个接线鼻子最多压 5 根屏蔽线。

（3）电缆屏蔽接地线压接牢固，绑扎整齐，走线合理、美观，见图 Z42J3002-4。

图 Z42J3002-4　电缆屏蔽接地施工图

（4）可开启的屏柜（箱）门接地线齐全、牢固，见图 Z42J3002-5。

图 Z42J3002-5　可开启的屏柜（箱）门接地

【思考与练习】

1. 户外设备接地引线安装方法有哪些？

2. 构支架接地引线安装工艺要求有哪些？

3. 屏柜接地引线安装工艺要求有哪些？

▲ 模块 3　接地装置常见问题处理（Z42J3003）

【模块描述】本模块包含接地装置常见问题处理，通过讲解和案例分析，掌握接地装置常见问题处理。

【模块内容】本模块主要介绍接地装置常见问题处理，通过讲解和案例分析，掌握接地装置常见问题的处理方法。

（1）变压器、避雷器、电压互感器、电流互感器、断路器支架采用单接地。变压器铁芯、夹件要单独接地，本体单独接地数量满足设计要求，一般不少于 2 根；避雷器支架要求双接地，设备杆四周做均压屏蔽环；电压互感器、电流互感器、断路器等带二次回路的设备要求双接地。

（2）多台电气设备串接在一根接地线上，多台电气设备并联接入接地网。

（3）设备本体接地与二次屏蔽接地接在同一根接地引线线上。设备本体与二次屏蔽要分别单独接地。

（4）采用焊接时焊接长度均少于圆钢直径的 6 倍、扁钢宽度的 2 倍，点焊或单面焊接。圆钢焊接时，焊接长度不少于圆钢直径的 6 倍；扁钢焊接时，焊接长度不少于扁钢宽度的 2 倍，三面焊接。

（5）一个接地螺栓上安装超过 2 个接地线鼻子，每个接线鼻子压屏蔽线多于 5 根。一个接地螺栓上最多安装 2 个接地线鼻子，每个接线鼻子压屏蔽线最多 5 根。

（6）铜绞线焊接未熔透。铜绞线接地体焊接采用热熔焊，焊接时应预热模具，模具内热熔剂填充密实，点火过程安全防护可靠。接头内导体应熔透，保证有足够的导电截面。铜焊接头表面光滑、无气泡。

（7）焊接后未做防腐处理。焊接后及时进行防腐处理。

【思考与练习】

1. 圆钢、扁钢焊接要求有哪些？

2. 设备支架安装要求有哪些？

3. 接地装置常见问题有哪些？如何处理？

第七部分

变电一次设备安装规程

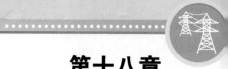

第十八章

电气装置施工及验收规范等相关规程

▲ 模块 1 《高压电器施工及验收规范》(GB 50147—2010)
（TYBZ02701003）

【模块描述】本模块介绍高压电器安装工程的施工质量要点，通过学习掌握《高压电器施工及验收规范》(GB 50147—2010)施工及验收的质量要求，熟悉强制性条文。

【模块内容】重点介绍高压电器施工及验收的编制背景、适用范围、标准主要结构框架、基本规定及强制性条文。

一、编制背景及原因

本规范是根据原建设部《关于印发〈2006 年工程建设标准规范制定、修订计划（第二批）〉的通知》(建标〔2006〕136 号)，由中国电力企业联合会负责，中国电力科学研究院（原国电电力建设研究所）会同有关单位在《电气装置安装工程高压电器施工及验收规范》(GBJ 147—90)的基础上修订的。

在修订起草过程中，编写组成员就所起草的内容进行过多次网上交流、内部征求意见。

按修订大纲计划安排，应将适用范围扩大到 1000kV 特高压设备，以满足我国 1000kV 特高压输变电工程项目建设的需要，但此时 1000kV 输变电设备及设计尚处于研发、试制阶段，工程将于 2007 年开工，所有设备及设计安装资料尚未出来，完整的标准征求意见稿无法形成，所以本规范适用范围由 1000kV 特高压调整到 750kV，主要内容包括：六氟化硫断路器、气体绝缘金属封闭开关设备、真空断路器和高压开关柜、断路器的操动机构、隔离开关及负荷开关和高压熔断器、电抗器、避雷器、电容器的施工及验收等。

二、规程适用范围

本规范适用于交流 3～750kV 电压等级的六氟化硫断路器、气体绝缘金属封闭开关设备（GIS）、复合电器（HGIS）、真空断路器、高压开关柜、隔离开关、负荷开关、高压熔断器、避雷器和中性点放电间隙、干式电抗器和阻波器、电容器等高压电器安装工程的施工及质量验收。

三、标准主要结构及内容

本规范共分 11 章，主要内容包括：总则，术语，基本规定，六氟化硫断路器，气体绝缘金属封闭开关设备，真空断路器和高压开关柜，断路器的操动机构，隔离开关、负荷开关及高压熔断器，避雷器和中性点放电间隙，干式电抗器和阻波器，电容器等。

与原规范相比较，本次修订的主要内容有：

（1）将本规范的适用范围由 500kV 电压等级扩大到 750kV 级。电压等级提高后，对安装各个环节施工技术、指标等要求的提高，在条文中都做了明确规定。

（2）在相应章节中增加了罐式断路器内检、高压开关柜和串联电容补偿装置安装的内容。

（3）删除了原规范中的如下内容：

1）空气断路器、油断路器安装的全部章节。

2）避雷器章节中有关普通阀式、磁吹阀式、排气式避雷器的安装。

3）电抗器章节中有关混凝土电抗器的安装。

本规范中以黑体字标志的条文为强制性条文，必须严格执行。

四、基本规定

（1）高压电器安装应按已批准的设计图纸和产品技术文件进行施工。

（2）设备和器材的运输、保管，应符合本规范和产品技术文件要求。

（3）设备及器材在安装前的保管，其保管期限应符合产品技术文件要求，在产品技术文件没有规定时应不超过 1 年。当需长期保管时，应通知设备制造厂家并征求其意见。

（4）设备及器材应符合国家现行技术标准的规定，同时应满足所签订的订货技术条件的要求，并应有合格证明文件。设备应有铭牌，GTS、HGIS 设备汇控柜上应有一次接线模拟图，GIS、HGIS 设备气室分隔点应在设备上标出。

（5）设备及器材到达现场后应及时做下列检查：

1）包装及密封应良好。

2）开箱检查清点，规格应符合设计要求，附件、备件应齐全。

3）产品的技术资料应齐全。

4）按本规范要求检查设备外观。

（6）施工前应编制施工方案。所编制的施工方案应符合本规范和其他相关国家现行标准的规定及产品技术文件的要求。

（7）与高压电器安装有关的建筑工程施工应符合下列规定：

1）应符合设计及设备的要求。

2）与高压电器安装有关的建筑工程质量，应符合《建筑工程施工质量验收统一标准》（GB/T 50300）的有关规定。

3）设备安装前，建筑工程应具备下列条件：

a. 屋顶、楼板应已施工完毕，不得渗漏。

b. 配电室的门、窗应安装完毕；室内地面基层应施工完毕，并应在墙上标出地面标高；设备底座及母线构架安装后其周围地面应抹光；室内接地应按照设计施工完毕。

c. 预埋件及预留孔应符合设计要求，预埋件应牢固。

d. 进行室内装饰时有可能损坏已安装设备或设备安装后不能再进行装饰的工作应全部结束。

e. 混凝土基础及构支架应达到允许安装的强度和刚度，设备支架焊接质量应符合《现场设备、工业管道焊接工程施工及验收规范》（GB 50236）的有关规定。

f. 施工设施及杂物应清除干净，并应有足够的安装场地，施工道路应通畅。

g. 高层构架的走道板、栏杆、平台及梯子等应齐全、牢固。

h. 基坑应已回填夯实。

i. 建筑物、混凝土基础及构支架等建筑工程应通过初步验收合格，并已办理交付安装的中间交接手续。

4）设备投入运行前，应符合下列规定：

a. 装饰工程应结束，地面、墙面、构架应无污染。

b. 二次灌浆和抹面工作应已完成。

c. 保护性网门、栏杆及梯子等应齐全、接地可靠。

d. 室外配电装置的场地应平整。

e. 室内、外接地应按设计施工完毕，并已验收合格。

f. 室内通风设备应运行良好。

g. 受电后无法进行或影响运行安全的工作应施工完毕。

（8）设备安装前，相应配电装置区的主接地网应完成施工。

（9）设备安装用的紧固件应采用镀锌或不锈钢制品，户外用的紧固件采用镀锌制品时应采用热镀锌工艺；外露地脚螺栓应采用热镀锌制品；电气接线端子用的紧固件应符合《变压器、高压电器和套管的接线端子》（GB 5273）的有关规定。

（10）高压电器的接地应符合《电气装置安装工程接地装置施工及验收规范》（GB 50169）及设计、产品技术文件的有关规定。

（11）高压电器的瓷件质量应符合《高压绝缘子瓷件技术条件》（GB/T 772）、《标称电压高于 1000V 系统用户内和户外支柱绝缘子 第 1 部分:瓷或玻璃绝缘子的试验》（GB/T 8287.1）、《标称电压高于 1000 V 系统用户内和户外支柱绝缘子 第 2 部分：尺寸与特性》（GB/T 8287.2）、《交流电压高于 1000 V 的绝缘套管》（GB/T 4109）及所签订技术条件的有关规定。

（12）高压电器设备的交接试验应按照《电气装置安装工程电气设备交接试验标准》（GB 50150）的有关规定执行。

（13）复合电器（HGIS）的施工及验收应按照 GB 50147—2010 第 5 章的相关规定执行。

五、强制性条文

（1）断路器及其操动机构的联动应正常，无卡阻现象；分、合闸指示应正确；辅助开关动作应正确可靠。

（2）密度继电器的报警、闭锁值应符合产品技术文件的要求，电气回路传动应正确。

（3）SF$_6$ 气体压力、泄漏率和含水量应符合《电气装置安装工程电气设备交接试验标准》（GB 50150）及产品技术文件的规定。

（4）预充氮气的箱体应先经排氮，然后充干燥空气，箱体内空气中的氧气含量必须达到 18% 以上时，安装人员才允许进入内部进行检查或安装。

（5）GIS 中的断路器、隔离开关、接地开关及其操动机构的联动应正常、无卡阻现象；分、合闸指示应正确；辅助开关及电气闭锁应动作正确、可靠。

（6）密度继电器的报警、闭锁值应符合规定，电气回路传动应正确。

（7）SF$_6$ 气体漏气率和含水量，应符合《电气装置安装工程电气设备交接试验标准》（GB 50150）及产品技术文件的规定。

（8）真空断路器与操动机构联动应正常、无卡阻；分、合闸指示应正确；辅助开关动作应准确、可靠。

（9）高压开关柜应具备防止电气误操作的"五防"功能。

【思考与练习】

1. 请说出《高压电器施工及验收规范》（GB 50147—2010）适用范围。

2. 本规范删除了原规范中哪些内容？

3. 设备及器材到达现场后应及时做哪些检查？

▲ 模块 2 《接地装置施工及验收规范》（GB 50169—2016）（TYBZ02701004）

【模块描述】本模块介绍《电气装置安装工程接地装置施工及验收规范》（GB 50169），涉及接地装置的选择，接地装置的敷设，接地体（线）的连接，避雷针（线、带、网）的接地，携带式和移动式电气设备的接地，输电线路杆塔的接地，调度楼、通信站和微波站二次系统的接地，电力电缆终端金属护层的接地，建筑物电气装置的接地，接地装置工程交接验收等内容。通过对本职业相关条文进行解释，掌握《电气装置安装工程接地装置施工及验收规范》（GB 50169）相关要求。

【**模块内容**】重点介绍接地装置施工及验收的编制背景、适用范围、标准主要结构框架、基本规定及强制性条文。

一、编制背景

本规范是根据住房与城乡建设部《关于印发 2013 年工程建设标准规范制订修订计划的通知》（建标〔2013〕6 号）的要求，由中国电力科学研究院会同有关单位，在《电气装置安装工程接地装置施工及验收规范》（GB 50169—2006）的基础上修订的。

二、规程适用范围

本规范适用于电气装置安装工程接地装置的施工及验收，不适用于高压直流输电接地极的施工及验收。

三、标准主要结构及内容

本规范共分 5 章，其主要内容包括：总则、术语、基本规定、电气装置的接地、工程交接验收。

与原规范相比较，本规范增加了如下内容：

（1）基本规定。

（2）接地装置的降阻。

（3）风力发电机组与光伏发电站的接地。

（4）继电保护及安全自动装置的接地。

（5）防雷电感应和防静电的接地。

本规范以黑体字标志的条文为强制性条文，必须严格执行。

四、基本规定

（1）接地装置的安装应由工程施工单位按已批准的设计文件施工。

（2）采用新技术、新工艺及新材料时，应经过试验及具有国家资质的验证评定。

（3）接地装置的安装应配合建筑工程的施工，隐蔽部分在覆盖前相关单位应做检查及验收并形成记录。

（4）需要接地的直流系统接地装置应符合下列要求：

1）能与地构成闭合回路且经常流过电流的接地线应沿绝缘垫板敷设，不应与金属管道、建筑物和设备的构件有金属的连接。

2）在土壤中含有电解时能产生腐蚀性物质的地方，不宜敷设接地装置，必要时可采取外引式接地装置或改良土壤的措施。

3）直流正极的接地线、接地极不应与自然接地极有金属连接；当无绝缘隔离装置时，相互间的距离不应小于 lm。

（5）各种电气装置与接地网的连接应可靠，扩建工程接地网与原接地网应符合设计要求，且不少于两点连接。

（6）包括导通试验在内的接地装置验收测试，应在接地装置施工后且线路架空地线尚未敷设至厂（站）进出线终端杆塔和构架前进行，接地电阻应符合设计规定。

（7）对高土壤电阻率地区的接地装置，在接地电阻不能满足要求时，应由设计确定采取相应的措施，达到要求后方可投入运行。

（8）附属于已接地电气装置和生产设施上的下列金属部分可不接地：

1）安装在配电屏、控制屏和配电装置上的电气测量仪表、继电器和其他低压电器的外壳。

2）与机床、机座之间有可靠电气接触的电动机和电器的外壳。

3）额定电压为 220V 及以下的蓄电池室内的金属支架。

（9）接地线不应做其他用途。

（10）接地装置的施工及验收，除应按本规范的规定执行外，尚应符合国家现行的有关标准规范的规定。

五、强制性条文

（1）电气装置的下列金属部分，均必须接地：

1）电气设备的金属底座、框架及外壳和传动装置。

2）携带式或移动式用电器具的金属底座和外壳。

3）箱式变电站的金属箱体。

4）互感器的二次绕组。

5）配电、控制、保护用的屏（柜、箱）及操作台的金属框架和底座。

6）电力电缆的金属护层、接头盒、终端头和金属保护管及二次电缆的屏蔽层。

7）电缆桥架、支架和井架。

8）变电站（换流站）构、支架。

9）装有架空地结或电气设备的电力线路杆塔。

10）配电装置的金属遮栏。

11）电热设备的金属外壳。

（2）严禁利用金属软管、管道保温层的金属外皮或金属网、低压照明网络的导线铅皮以及电缆金属护层作为接地钱。

（3）电气装置的接地必须单独与接地母钱或接地网相连接，严禁在一条接地线中串接两个及两个以上需要接地的电气装置。

【思考与练习】

1. 电气装置的哪些金属部分应接地？
2. 接地装置的安装应符合哪些要求？
3. 接地体（线）的焊接应采用搭接焊，其搭接长度有什么规定？
4. 接地体（线）采用热剂焊（放热焊接）时，对熔接接头有什么规定？

▲ 模块 3 《电力变压器、油浸电抗器、互感器施工及验收规范》（GB 50148—2010）（TYBZ02701006）

【模块描述】本模块介绍电力变压器、油浸电抗器、互感器安装工程的施工质量要点。通过学习掌握《电力变压器、油浸电抗器、互感器施工及验收规范》（GB 50148—2010）施工及验收的质量要求，熟悉强制性条文。

【模块内容】重点介绍电力变压器、油浸电抗器、互感器施工及验收的编制背景、适用范围、标准主要结构框架、基本规定及强制性条文。

一、编制背景

本规范是根据原建设部《关于印发〈2006 年工程建设标准规范制订、修订计划〉（第二批）的通知》（建标〔2006〕136 号）的要求，由中国电力科学研究院会同有关单位在《电气装置安装工程电力变压器、油浸电抗器、互感器施工及验收规范》（GBJ 148—90）的基础上修订完成的。

二、规程适用范围

本规范适用于交流 3～750kV 电压等级电力变压器（以下简称变压器）、油浸电抗器（以下简称电抗器）、电压互感器及电流互感器（以下简称互感器）施工及验收；消弧线圈的安装可按本规范的有关规定执行。

三、标准主要结构及内容

本规范共分 5 章和 1 个附录，主要内容包括：电力变压器、油浸电抗器的运输、保管，本体检查，安装，附件安装，整体密封检查、绝缘油处理、交接验收及互感器的施工及交接验收等。

与原规范相比较：

（1）本次修订将适用范围由原来的 500kV 及以下电力变压器、油浸电抗器、互感器的施工及验收，扩大到 750kV。电压等级的提高，对施工各个环节的技术要求、技术指标等要求也相应提高，并做了明确规定。同时确定了直接涉及人民生命财产安全、人体健康、环境保护和公众利益的为强制性条文，以黑体字标志，要求必须严格执行。

（2）增加了术语和基本规定两章。

（3）对相关章节进行重新排列，增加了绝缘油处理、内部安装、连接等小节，根据安装流程使条理更加清晰，同时还增加了三维冲撞记录仪的规定。

四、基本规定

（1）变压器、电抗器、互感器的安装应按已批准的设计文件进行施工。

（2）设备和器材应有铭牌、安装使用说明书、出厂试验报告及合格证件等资料，并应符合合同技术协议的规定。

（3）变压器、电抗器在运输过程中，当改变运输方式时，应及时检查设备受冲击等情况，并应做好记录。

（4）设备和器材到达现场后应及时按下列规定验收检查：

1）包装及密封应良好。

2）应开箱检查并清点，规格应符合设计要求，附件、备件应齐全。

3）产品的技术文件应齐全。

4）按下列规定及时进行外观检查：

a. 油箱及所有附件应齐全，无锈蚀及机械损伤，密封应良好。

b. 油箱箱盖或钟罩法兰及封板的连接螺栓应齐全，紧固良好，无渗漏；充油或充干燥气体运输的附件应密封无渗漏，并装有监视压力表。

c. 套管包装应完好，无渗油、瓷体无损伤，运输方式应符合产品技术要求。

d. 充干燥气体运输的变压器、电抗器，油箱内应为正压，其压力为 0.01～0.03MPa，现场应办理交接签证并移交压力监视记录。

e. 检查运输和装卸过程中设备受冲击情况，并应记录冲击值、办理交接签证手续。

（5）对变压器、电抗器、互感器的装卸、运输、就位及安装，应制订施工及安全技术措施，经批准后方可实施。

（6）与变压器、电抗器、互感器安装有关的建筑工程施工应符合下列规定：

1）设备基础混凝土浇筑前，电气专业应对基础中心线、标高等进行核查；基础施工完毕后，应对标高、中心进行复核。

2）建（构）筑物的建筑工程质量，应符合《建筑工程施工质量验收统一标准》（GB/T 50300）的有关规定。当设备及设计有特殊要求时，尚应符合其要求。

3）设备安装前，建筑工程应具备下列条件：

a. 屋顶、楼板施工应完毕，不得渗漏。

b. 室内地面的基层施工应完毕，并应在墙上标出地面标高。

c. 混凝土基础及构架应达到允许安装的强度，焊接构件的质量应符合现行国家标准《现场设备、工业管道焊接工程施工及验收规范》（GB 50236）的有关规定。

d. 预埋件及预留孔应符合设计要求，预埋件应牢固。

e. 模板及施工设施应拆除，场地应清理干净。

f. 应具有满足施工用的场地，道路应通畅。

4）设备安装完毕，投入运行前，建筑工程应符合下列规定：

a. 门窗安装应完毕。

b. 室内地坪抹面工作结束，强度达到要求，室外场地应平整。

c. 保护性围栏、网门、栏杆等安全设施应齐全，接地应符合《电气装置安装工程接地装置施工及验收规范》（GB 50169）的规定。

d. 变压器、电抗器的蓄油坑应清理干净，排油管路应通畅，卵石填充应完毕。

e. 通风及消防装置安装验收应完毕。

f. 室内装饰及相关配套设施施工验收应完毕。

（7）设备安装用的紧固件，应采用镀锌制品或不锈钢制品，用于户外的紧固件应采用热镀锌制品；电气接线端子用的紧固件应符合《变压器、高压电器和套管的接线端子》（GB 5273）的有关规定。

（8）变压器、电抗器、互感器的瓷件质量，应符合《高压绝缘子瓷件技术条件》（GB/T 772）、《标称电压高于 1000V 系统用户内和户外支柱绝缘子 第 1 部分：瓷或玻璃绝缘子的试验》（GB/T 8287.1）、《标称电压高于 1000V 系统用户内和外支柱绝缘子 第 2 部分：尺寸与特性》（GB/T 8287.2）、《高压套管技术条件》（GB/T 4109）及所签订技术条件的规定。

五、强制性条文

（1）变压器、电抗器在装卸和运输过程中，不应有严重冲击和振动。电压在 220kV 及以上且容量在 150MVA 及以上的变压器和电压为 330kV 及以上的电抗器均应装设三维冲击记录仪，冲击允许值应符合制造厂家及合同的规定。

（2）充干燥气体运输的变压器、电抗器油箱内的气体压力应保持在 0.01～0.03MPa；干燥气体露点必须低于−40℃；每台变压器、电抗器必须配有可以随时补气的纯净、干燥气体瓶，始终保持变压器、电抗器内为正压力，并设有压力表进行监视。

（3）充氮的变压器、电抗器需吊罩检查时，必须让器身在空气中暴露 15min 以上，待氮气充分扩散后进行。

（4）变压器、电抗器运输和装卸过程中冲撞加速度出现大于 $3g$ 或冲撞加速度监视装置出现异常情况时，应由建设、监理、施工、运输和制造厂家等单位代表共同分析原因并出具正式报告。必须进行运输和装卸过程分析，明确相关责任。并确定进行现场器身检查或返厂进行检查和处理。

（5）进行器身检查时必须符合以下规定：

1）凡雨、雪天，风力达 4 级以上，相对湿度 75%以上的天气，不得进行器身检查。

2）在没有排氮前，任何人不得进入油箱。当油箱内的含氧量未达到 18%以上时，人员不得进入。

3）在内检过程中，必须向箱体内持续补充露点低于-40℃的干燥空气，以保持含氧量不得低于 18%，相对湿度不应大于 20%；补充干燥空气的速率，应符合产品技术文件要求。

（6）绝缘油必须按《电气装置安装工程电气设备交接试验标准》（GB 54150）的规定试验合格后，方可注入变压器、电抗器中。

（7）不同牌号的绝缘油或同牌号的新油与运行过的油混合使用前，必须做混油试验。

（8）在抽真空时，必须将不能承受真空下机械强度的附件与油箱隔离；对允许抽同样真空度的部件，应同时抽真空；真空泵或真空机组应有防止突然停止或因误操作而引起真空泵油倒灌的措施。

（9）变压器、电抗器在试运行前，应进行全面检查，确认其符合运行条件时，方可投入试运行。检查项目应包含以下内容和要求：

1）事故排油设施应完好，消防设施齐全。

2）变压器本体应两点接地。中性点接地引出后，应有两根接地引线与主接地网的不同干线连接，其规格应满足设计要求。

3）铁芯和夹件的接地引出套管、套管的末屏接地应符合产品技术文件的要求；电流互感器备用二次线圈端子应短接接地；套管顶部结构的接触及密封应符合产品技术文件的要求。

（10）中性点接地系统的变压器，在进行冲击合闸时其中性点必须接地。

（11）气体绝缘的互感器应检查气体压力或密度符合产品技术文件的要求，密封检查合格后方可对互感器充 SF_6 气体至额定压力。静置 24h 后进行 SF_6 气体含水量测量并合格。气体密度表、继电器必须经核对性检查合格。

（12）互感器的下列各部位应可靠接地：

1）分级绝缘的电压互感器，其一次绕组的接地引出端子；电容式电压互感器的接地应符合产品技术文件的要求。

2）电容型绝缘的电流互感器，其一次绕组末屏的引出端子、铁芯引出接地端子。

3）互感器的外壳。

4）电流互感器的备用二次绕组端子应先短路后接地。

5）倒装式电流互感器二次绕组的金属导管。

6）应保证工作接地点有两根与主接地网不同地点连接的接地引下线。

【思考与练习】

1. 规程对变压器到现场外观检查有哪些规定?

2. 进行器身检查时必须遵守哪些规定?

3. 变压器、电抗器在试运行前,应进行哪些检查?

▲ 模块 4 《电气装置安装工程质量检验及评定规程》
(DL/T 5161.1～17—2018)(TYBZ02703001)

【模块描述】本模块包含单机容量 1000MW 及以下发电工程和 750kV 及以下变电工程的电气装置安装工程施工质量验收及评定内容;通过系统介绍,举例说明,掌握电气装置安装工程质量检验及评定标准。

【模块内容】着重介绍 750kV 及以下变电工程的电气装置安装工程施工质量验收及评定要求和方法。

一、编制背景

本规程是根据国家能源局下达的能源领域行业标准制(修)订计划(国能科技)的要求,由中国电力科学研究院有限公司会同有关单位共同编制完成的。本规程总结了十多年来电气装置安装工程的施工经验,是在《电气装置安装工程质量检验及评定规程》(DL/T 5161.1～17—2002)的基础上进行的修订。

本次修订的主要内容有:

(1)将原标准适用范围调整为适用于单机容量 1000MW 级及以下发电工程和 750kV 及以下变电工程的电气装置安装;

(2)增加了"2 基本规定";

(3)取消了对施工单位内部班组/工地/质检部三级质量验评机构的具体要求,合并为施工单位;

(4)取消了单位工程"优良"等级,分项工程、分部工程、单位工程只设"合格"等级;

(5)修改了发电工程施工质量验收范围划分表,增加了烟气脱硝装置安装单位工程,增加了厂用电电源管理系统安装、空冷岛电气设备安装、等离子点火系统电气设备安装等分部工程;

(6)修改了变电工程施工质量验收范围划分表,增加了串联电容补偿装置设备安装单位工程;

(7)修改了分项/分部/单位工程质量验收表表式,删除了单位工程设备、材料出厂试验报告及合格证登记表、单位工程设计变更及材料代用通知单登记表、设备缺陷通知单；

（8）删除了 2002 版第 11 部分：电梯电气装置施工质量检验部分，将通则中的通信工程施工质量检验部分独立出来，成为 DL/T 5161.11。

二、规程适用范围

本规程适用于单机容量 1000MW 级及以下发电工程和 750kV 及以下变电工程的电气装置安装。

电气装置安装工程的施工质量检查、验收除执行本规程的规定外，尚应符合国家现行有关标准的规定。

三、标准主要结构及内容

《电气装置安装工程质量检验及评定规程》是一套系列标准，用于电气装置安装施工质量检查、验收及评定。

该套标准由如下 17 部分组成：

—第 1 部分：通则；

—第 2 部分：高压电器施工质量检验；

—第 3 部分：电力变压器、油浸电抗器、互感器施工质量检验；

—第 4 部分：母线装置施工质量检验；

—第 5 部分：电缆线路施工质量检验；

—第 6 部分：接地装置施工质量检验；

—第 7 部分：旋转电机施工质量检验；

—第 8 部分：盘、柜及二次回路接线施工质量检验；

—第 9 部分：蓄电池施工质量检验；

—第 10 部分：66kV 及以下架空电力线路施工质量检验；

—第 11 部分：通信工程施工质量检验；

—第 12 部分：低压电器施工质量检验；

—第 13 部分：电力变流设备施工质量检验；

—第 14 部分：起重机电气装置施工质量检验；

—第 15 部分：爆炸及火灾危险环境电气装置施工质量检验；

—第 16 部分：1kV 及以下配线工程施工质量检验；

—第 17 部分：电气照明装置施工质量检验。

四、规程主要管理性规定

（1）在电气装置安装工程开工前，施工单位应按本规程通则第 4 章表 4.0.2 "施工质量验收范围划分表" 的规定，编制所承担工程的质量验收范围划分表。监理单位应对各施工单位编制的质量验收范围划分表进行审核，经建设单位确认后执行。

（2）当工程质量验收项目与本规程"施工质量验收范围划分表"所列项目不符时，可进行增编或删减。增加或减少的项目，在工程质量验收范围划分表中的工程编号，可续编、缺号，但不得变更原编号。

（3）各级质检人员，应严格执行有关国家标准、行业标准，对工程质量进行检查、验收，并对所检查和验收的工程项目负责。

（4）电气装置安装工程质量验收，应按本规程"施工质量验收范围划分表"所列分项工程、分部工程和单位工程进行，并应符合下列规定：

1）分项工程所含检验项目全部施工完毕并经施工单位自检合格后，方可提请对该分项工程进行质量验收。

2）分部工程所含分项工程全部验收合格，并在施工单位对该分部工程自检合格后，方可提请对该分部工程进行质量验收；

3）单位工程所含分部工程全部验收合格，并在施工单位对该单位工程自检合格后，方可提请对该单位工程进行质量验收。

（5）分项工程质量验收，应按现行行业标准 DL/T 5161.2 至 DL/T 5161.17 进行，并按本规程通则第 5 章表 5.0.1 规定，规范填写"分项工程质量验收表"。

（6）分项、分部和单位工程质量验收结果应只设"合格"质量等级。

（7）分项、分部和单位工程合格，应符合下列规定：

1）分项工程所含各检验项目全部验收合格，分项工程资料齐全，该分项工程质量验收合格。

2）分部工程所含各分项工程全部验收合格，分部工程资料齐全，该分部工程质量验收合格。

3）单位工程所含各分部工程全部验收合格，单位工程资料齐全并符合档案管理规定，该单位工程质量验收合格。

4）因设备原因造成的质量问题，虽经施工人员努力，也难以达到质量标准的少数非"主控"检验项目，应由施工单位提出书面报告，经建设单位会同制造单位、监理单位和施工单位共同书面确认签字，该检验项目可不参加质量验收评定，不影响该分项工程质量验收评定，但应在"验收结论"栏内注明。书面报告应附在该分项工程质量验收表后。

（8）分项、分部工程的质量验收，应由监理单位组织有关单位进行；单位工程的质量验收，应由建设单位组织有关单位进行。

（9）对质量验收结果有分歧时，各级质检人员均有权要求进行复检。复检时，各级有关质检人员均应参加，复检结果应作为最终质量验收结果。

（10）隐蔽工程应在隐蔽前由施工单位通知监理及有关单位进行见证验收，并形成验收记录及签证。

（11）分项、分部和单位工程质量验收文件，应做到数据准确、结论确切、资料齐全、签字手续齐备。分部、单位工程质量验收表，应按规定整理归档，移交建设单位。分项工程质量验收表，应由施工单位归档保存，电子版资料移交建设单位。

【思考与练习】

1. 本系列规程由几个部分组成？请说出各分部名称。

2. 分项工程施工质量检验，有哪些情况不应进行验收、评定。

3. 工程质量验收范围划分表中的工程编号有何要求？

▲ 模块5《电气装置安装工程母线装置施工及验收规范》（GB 50149—2010）（TYBZ02703006）

【模块描述】本模块介绍了国家标准《电气装置安装工程母线装置施工及验收规范》（GB 50149），涉及母线的排列及涂色、硬母线安装及焊接、软母线架设、绝缘子与穿墙套管、工程交接验收等内容。通过对本职业相关条文进行解释，掌握《电气装置安装工程母线装置施工及验收规范》（GB 50149）相关要求。

【模块内容】重点介绍母线装置施工及验收的编制背景、适用范围、标准主要结构框架、基本规定及强制性条文。

一、编制背景

本规范是根据建设部《关于印发〈2006年工程建设标准规范制订、修订计划（第二批）〉的通知》（建标〔2006〕136号）的要求，由中国电力科学研究院（原国电电力建设研究所）和江苏电力建设第一工程公司会同有关单位在《电气装置安装工程母线装置施工及验收规范》（GB 149—90）的基础上修订完成的。

本次修订的主要技术内容是：① 将适用范围由500kV及以下扩展到750kV；② 增加了术语一章；③ 对硬母线焊接规定得更加严格、具体；④ 增加了金属封闭母线施工的规定；⑤ 增加了气体绝缘金属封闭母线施工的规定；⑥ 对软母线的检查、敷设、施工、验收规定得更明确、具体。

在修订起草过程中，编写组成员就所起草的内容进行过多次网上交流、内部征求意见。

二、规程适用范围

本规范适用于750kV及以下母线装置安装工程的施工及验收。

三、标准主要结构及内容

本规范共分5章，主要内容包括：总则、术语、母线安装、绝缘子与穿墙套管安装、工程交接验收。

与原规范相比较，本规范做了如下修订：

（1）将适用范围由 500kV 及以下扩展到 750kV。

（2）增加了术语一章。

（3）对硬母线焊接规定得更加严格、具体。

（4）增加了金属封闭母线施工的规定。

（5）增加了气体绝缘金属封闭母线施工的规定。

（6）对软母线的检查、敷设、施工、验收规定得更明确、具体。

本规范中以黑体字标志的条文为强制性条文，必须严格执行。

四、基本规定

（1）母线装置的安装应按已批准的设计文件进行施工。

（2）设备和器材的运输、保管，应符合本规范的规定。当产品有特殊要求时，尚应符合产品技术文件的要求。

（3）设备和器材在安装前的保管期限应为一年。当需长期保管时，应符合产品技术文件中设备和器材保管的有关要求。

（4）采用的设备和器材均应符合国家现行有关标准的规定，并应有合格证件。设备应有铭牌。

（5）设备和器材到达现场后应及时检查，并应符合下列规定：

1）包装及密封应良好。

2）开箱检查清点，规格应符合设计要求，附件、备件应齐全。

3）产品的技术文件应齐全。

4）产品的外观检查应完好。

（6）施工方案应符合本规范和国家现行有关安全技术标准的规定及产品技术文件的要求。

（7）与母线装置安装有关的建筑工程施工，应符合下列规定：

1）与母线装置安装有关的建筑物、构筑物的工程质量，应符合现行国家标准《建筑工程施工与质量验收统一标准》（GF3 50300）的有关规定；当设计及设备有特殊要求时，尚应符合设计及设备的要求。

2）母线装置安装前，建筑工程应具备下列条件：

a. 基础、构架符合电气设备的设计要求；

b. 屋顶、楼板施工完毕，不得渗漏；

c. 室内地面基层施工完毕，并在墙上标出抹平标高；

d. 基础、构架达到允许安装设备的强度，高层构架的走道板、栏杆、爬梯、平台齐全牢固；

e. 施工中有可能损坏已安装的母线装置或母线装置安装后不能再进行的装饰工程全部结束；

f. 门窗安装完毕，施工用道路通畅；

g. 安装母线装置的预留孔、预埋件符合设计要求。

3）母线装置安装完毕投入运行前，建筑工程应符合下列规定：

a. 预埋件、开孔、扩孔等修饰工程完毕；

b. 保护性网门、栏杆及所有与受电部分隔离的设施齐全；

c. 受电后无法进行的和影响运行安全的项目已施工完毕；

d. 施工设施已拆除，场地已清理干净。

（8）母线装置安装用的紧固件，应采用符合现行国家标准的镀锌制品或不锈钢制品，户外使用的紧固件应采用热镀锌制品。

（9）绝缘子及穿墙套管的瓷件，应符合现行国家标准《高压绝缘子瓷件技术条件》（GB/T 772）和有关电瓷产品技术条件的规定。

（10）固定单相交流母线的金属构件及金具不得形成闭合磁路。

（11）母线装置安装工程的施工及验收，除应符合本规范外，尚应符合国家现行有关标准的规定。

五、强制性条文

耐张线夹压接前应对每种规格的导线取试件两件进行试压，并应在试压合格后再施工。

【思考与练习】

1. 设备和器材到达现场后检查有哪些规定？

2. 母线装置安装完毕投入运行前，建筑工程应符合哪些规定？

3. 母线装置安装前，建筑工程应具备哪些条件？

◢ 模块 6 《1000kV 高压电器（GIS、HGIS、隔离开关、避雷器）施工及验收规范》（GB 50836—2013）（TYBZ02701003）

【模块描述】本模块介绍 1000kV 高压电器安装工程的施工质量要点。通过学习掌握《高压电器施工及验收规范》（GB 50836—2013）施工及验收的质量要求，熟悉强制性条文。

【模块内容】重点介绍高压电器施工及验收的编制背景、适用范围、标准主要结构框架、基本规定及强制性条文。

一、编制背景

本规范是根据住房与城乡建设部《关于印发〈2010 年工程建设标准规范制订、修订计划〉的通知》（建标〔2010〕43 号）的要求，由中国电力企业联合会、国家电网公司会同有关单位共同编制而成。

规范编制组经广泛调查研究，总结我国 500kV、750kV 变电工程及 1000kV 晋东南—南阳—荆门特高压交流试验示范工程高压电器（GIS、HGIS、隔离开关、避雷器）施工经验，依据有关设计文件和产品技术文件，并在广泛征求意见的基础上，经审查定稿。

二、规程适用范围

本规范适用于 1000kV 气体绝缘金属封闭开关设备（GIS）、复合电器（HGIS）、隔离开关及避雷器的施工及验收。

三、标准主要结构及内容

本规范共分 6 章，主要内容包括：总则、术语、基本规定、气体绝缘金属封闭开关设备（GIS）、隔离开关、避雷器。

本规范中以黑体字标志的条文为强制性条文，必须严格执行。

四、基本规定

（1）1000kV 高压电器（以下简称"设备"）的施工与验收应按已批准的施工图纸和产品技术文件规定执行。

（2）设备和器材的运输、保管应符合本规范和产品技术文件要求。

（3）设备及器材在施工前的保管期限应符合产品技术文件要求，在产品技术文件没有规定时不应超过一年。当需长期保管时，应通知设备厂家并应征求其意见。

（4）设备及器材均应符合国家现行有关标准的规定，同时应满足所签订的订货技术条件的要求，并应有合格证明文件。设备应有铭牌，气体绝缘金属封闭开关设备（GIS）、复合电器（HGIS）、设备汇控柜上应标示一次接线模拟图、气室分隔示意图，气体绝缘金属封闭开关设备（GIS）、复合电器（HGIS）气室分隔点应在设备上标示。

（5）设备及器材到达现场后应及时检查，并应符合下列要求：

1）包装应无破损，密封应良好。

2）到货数量与规格应与合同、装箱清单和设计要求相符，无损伤、变形及锈蚀。

3）瓷件及绝缘件应无裂纹及破损。

4）产品的技术文件应齐全，并应符合合同规定。

5）应检查设备外观。

（6）设备施工前应编制施工方案。所编制的施工方案应符合本规范和其他国家现行有关标准及产品技术文件的规定。

（7）与设备安装有关的建筑工程，应符合下列要求：

1）与设备安装有关的建筑物和构筑物的施工质量，应符合《混凝土结构工程施工质量验收规范》（GB 50204）、《钢结构工程施工质量验收规范》（GB 50205）、《电力建设施工质量验收及评定规程　第 1 部分：土建工程》（DL/T 5210.1）的有关规定和设计图的要求。当设备及设计有特殊要求时，应符合特殊要求。

2）设备安装前，建筑工程应具备下列条件：

a. 预埋件及预留孔应符合设计要求，预埋件应牢固；预埋件的接地应良好。

b. 混凝土基础及构支架应达到允许安装的强度和刚度。

c. 无关的施工设施及杂物应清除干净，并应有足够的施工场地，施工道路应通畅。

d. 高层构架的走道板、栏杆、平台及爬梯等应齐全、牢固。

e. 基坑应已回填并应夯实。

f. 混凝土基础及构支架等建筑工程应验收合格，并应办理交付安装的交接手续。

3）设备投入运行前，建筑工程应验收合格。带电后无法进行的工作以及影响运行安全的工作应施工完毕。

（8）设备安装前，主接地网应施工完毕。设备的接地应符合设计、产品技术文件和《电气装置安装工程接地装置施工及验收规范》（GB 50169）的有关规定。

（9）所有外露的螺栓、螺母等紧固件外表面应热镀锌、渗锌或采取其他有效的防腐措施；电器接线端子用的紧固件应符合现行国家标准《变压器、高压电器和套管的接线端子》（GB/T 5273）的有关规定。

（10）设备的瓷件质量应符合《高压绝缘子瓷件技术条件》（GB/T 772）、《标称电压高于 1000V 系统用户内和户外支柱绝缘子　第 1 部分：瓷或玻璃绝缘子的试验》（GB/T 8287.1）、《标称电压高于 1000V 系统用户内和户外支柱绝缘子　第 2 部分：尺寸与特性》（GB/T 8287.2）及所签订技术协议的有关规定。

（11）复合电器（HGIS）的施工与验收应按照本规范第 4 章的规定执行。

（12）均压环表面应光滑、无划痕和变形，安装应牢固、正确；均压环易积水部位最低点宜钻排水孔。

五、强制性条文

（1）预充氮气的箱体必须先经排氮，然后充露点低于–40℃的干燥空气，且必须在检测氧气含量达到 18% 以上时，方可进入。

（2）气体绝缘金属封闭开关设备（GIS）底座、机构箱和爬梯必须可靠接地；外接等电位连接必须可靠，并必须标识清晰；内接等电位连接必须可靠，并必须有隐蔽工程验收记录。

【思考与练习】

1.气体绝缘金属封闭开关设备（GIS）哪些部位必须可靠接地？

2.设备及器材到达现场后应做哪些检查？要求怎样？

3.设备安装前建筑工程应具备哪些条件？

▲ 模块 7 《1000kV 电力变压器、油浸电抗器、互感器施工及验收规范》（GB 50835—2013）（TYBZ02701006）

【模块描述】本模块介绍 1000kV 电力变压器、油浸电抗器、互感器安装工程的施工质量要点。通过学习掌握《电力变压器、油浸电抗器、互感器施工及验收规范》（GB 50835—2013）施工及验收的质量要求，熟悉强制性条文。

【模块内容】重点介绍 1000kV 电力变压器、油浸电抗器、互感器施工及验收的编制背景、适用范围、标准主要结构框架、基本规定及强制性条文。

一、编制背景

本规范是根据住房与城乡建设部《关于印发〈2010 年工程建设标准规范制订、修订计划〉的通知》（建标〔2010〕43 号）的要求，由中国电力企业联合会、国家电网公司会同有关单位共同编制而成。

规范编制组经广泛调查研究，总结我国 500kV、750kV 变电工程及 1000kV 晋东南—南阳—荆门特高压交流试验示范工程电力变压器、油浸电抗器及互感器施工经验，依据有关设计文件和产品技术文件，并在广泛征求意见的基础上，经审查定稿。

二、规程适用范围

本规范适用于 1000kV 油浸电力变压器（以下简称变压器）、油浸电抗器（简称电抗器）及电容式电压互感器（以下简称互感器）的施工与验收。

三、标准主要结构及内容

本规范共分 4 章，主要内容包括总则、基本规定、电力变压器和油浸电抗器、电容式电压互感器。

本规范中以黑体字标志的条文为强制性条文，必须严格执行。

四、基本规定

（1）变压器、电抗器、互感器的施工与验收，应按施工图和产品技术文件要求进行。

（2）变压器及电抗器本体、附件及互感器均应符合国家现行有关标准及合同文件的规定，并应有铭牌、合格证件、安装使用说明书及出厂试验报告等资料。

（3）变压器、电抗器附件和互感器到达现场后应及时检查，并应符合下列规定：

1）包装及密封应良好。

2）到货数量与规格应与装箱清单和设计要求相符。

3）产品的技术文件应齐全。

4）应按本规范第 3.1.1 条和第 4.1.2 条的规定做外观检查。

（4）变压器、电抗器附件及互感器在施工前的保管应符合产品技术文件的规定。

（5）变压器、电抗器、互感器的施工方案应符合本规范第 3 章和第 4 章的规定，并应符合国家现行有关标准的安全技术规定及产品技术文件的规定。

（6）与变压器、电抗器、互感器施工有关的建筑工程应符合下列规定：

1）与变压器、电抗器、互感器施工有关的建筑物和构筑物的质量，应符合《混凝土结构工程施工质量验收规范》（GB 50204）、《钢结构工程施工质量验收规范》（GB 50205）、《电为建设施工质量验收及评定规程　第 1 部分：土建工程》（DL/T 5210.1）的有关规定和设计图纸的要求。当设备及设计有特殊要求时，应符合特殊要求。

2）变压器、电抗器、互感器施工前，建筑工程应具备下列条件：

a. 混凝土基础及构支架施工与质量应符合设计要求，焊接构件的质量应符合《钢结构工程施工质量验收规范》（GB 50205）的有关规定。

b. 预埋件及预留孔应符合设计要求，预埋件应牢固。

c. 建筑工程施工的临时设施应拆除。

d. 施工用场地应清理干净，道路应通畅，并应符合施工方案的规定。

e. 建筑工程应经过验收并应合格。

3）设备施工完毕，投入运行前，建筑工程应符合下列规定：

a. 场地应平整。

b. 保护性网门和栏杆等安全设施应齐全。

c. 变压器和电抗器的事故油池、蓄油池应清理干净，排油管应通畅，卵石应铺设完毕。

d. 消防设施应齐全，应已通过消防主管部门验收，并应已取得合格证明文件。

e. 带电后无法进行的工作以及影响运行安全的工作应施工完毕。

（7）所有外露的螺栓和螺母等紧固件外表面应热镀锌、渗锌或采取其他有效的防腐措施。

（8）变压器、电抗器、互感器的瓷件表面质量应符合《高压绝缘子瓷件技术条件》（GB/T 772）的有关规定及所签订的技术文件要求。

（9）变压器、电抗器、互感器到达现场后，应及时验收，合格后应及时办理交接手续。

（10）均压环表面应光滑、无划痕和变形，安装应牢固、正确；在结冰区，均压环易积水部位最低点宜钻排水孔。

五、强制性条文

（1）变压器、电抗器本体内部含氧量低于 18%时，检查人员严禁进入；在内检过程中必须向箱体内持续补充干燥空气，并必须保持内部含氧量不低于 18%。

（2）真空注油前，设备各接地点及连接管道必须可靠接地。

（3）变压器、电抗器中性点必须有两根与主接地网的不同干线连接的接地引下线，规格必须符合设计要求。

【思考与练习】

1. 规程对变压器到现场外观检查有哪些规定？

2. 进行器身检查时必须遵守哪些规定？

3. 变压器、电抗器在试运行前，应进行哪些检查？

参 考 文 献

[1] 陈敢峰. 变压器检修 [M]. 北京：中国水利水电出版社，2005.

[2] 陈家斌. 电气设备安装及调试 [M]. 北京：中国水利电力出版社，2003.

[3] 中国电力企业联合会. 1000kV 电力变压器油浸电抗器、互感器施工及验收规范（GB 50835—2013）[S]. 北京：中国计划出版社，2013.

[4] 中国电力企业联合会. 1000kV 高压电器（GIS、HGIS、隔离开关、避雷器）施工及验收规范（GB 50836—2013）[S]. 北京：中国计划出版社，2013.

[5] 中国电力企业联合会. 电气装置安装工程接地装置施工及验收规范（GB 50169—2016）[S]. 北京：中国计划出版社，2016.

[6] 中国电力企业联合会. 电气装置安装工程高压电气施工及验收规范（GB 50147—2010）[S]. 北京：中国计划出版社，2010.

[7] 中国电力企业联合会. 电气装置安装工程母线装置验收及施工规范（GB 50149—2010）[S]. 北京：中国计划出版社，2011.

[8] 中国电力企业联合会. 电气装置安装工程电力变压器、油浸电抗器、互感器施工及验收规范（GB 50148—2010）[S]. 北京：中国计划出版社，2010.

[9] 中国建筑标准设计研究院. 干式变压器安装 [M]. 北京：中国计划出版社，2012.

[10] 国家电网公司运维检修部. 变压器类设备典型故障案例汇编（2006—2010 年）[M]. 北京：中国电力出版社，2012.

[11] 中华人民共和国国家质量监督检验检疫总局，中国国家标准化管理委员会. 干式电力变压器技术参数和要求（GB /T 10228—2015）[S]. 北京：中国标准出版社，2016.

[12] 国家电网公司. 国家电网公司电力安全工作规程（变电部分）（Q/GDW 1799.1—2013）[S]. 北京：中国电力出版社，2013.

[13] 国家电网公司. 国家电网公司电力安全工作规程（电网建设部分）（试行）[S]. 北京：中国电力出版社，2016.

[14] 国家电网公司. 110（66）kV～500kV 变压器（电抗器）管理规范 [S]. 北京：中国电力出版社，2006.

[15] 国家电网公司. 110（66）kV～500kV 互感器管理规范 [S]. 北京：中国电力出版社，2006.

[16] 国家电网公司. 国家电网公司输变电工程标准工艺（三）工艺标准库（2016 年版）[S]. 北京：中国计划出版社，2017.

[17] 国家电网有限公司. 国家电网公司输变电工程安全文明施工标准化管理办法 [国网（基

建/3）187—2019] [S]. 北京：国家电网有限公司，2019.

[18] 国家能源局. 电气装置安装工程质量检验及评定规程 [S]. 北京：中国电力出版社，2019.

[19] 西门子（杭州）高压开关有限公司. 3AP1 DT–FG252kV 断路器操作手册 [M].

[20] 西门子（杭州）高压开关有限公司. 西门子 KR5/TR5 隔离开关安装维护手册 [M]. 西门子（杭州）高压开关有限公司，2006.

[21] 西门子（杭州）高压开关有限公司. 3AT2 EI550kV 高压断路器操作手册 [M].